PERFECT
PET
OWNER'S
GUIDES

飼育管理の基本から
コミュニケーションの
工夫まで

チンチラ
完全飼育

著───鈴木理恵
医療監修───田向健一 田園調布動物病院院長
写真───井川俊彦

SEIBUNDO
SHINKOSHA

目次

はじめに………012

Chapter 1　チンチラのバリエーション　013

美しきカラーバリエーション………014
カラーバリエーションのいま
増えているチンチラのカラー……023
新たなバリエーションの登場……024

COLUMN
あやかりたいなチンチラご長寿記録・国内編……026
　　　　　　　　　　　　　　　　海外編………028

日本のご長寿チンチラたち

Chapter 2　チンチラを迎える準備　029

日本人から見る　チンチラの魅力………030
変化してきたチンチラのイメージ………030
日本人好み!? 陽気なキャラクター……031

チンチラを迎える前に　考えておくこと………032
動物を迎えるにあたっての心構え……032
知っておきたいチンチラ飼育の基本……034

チンチラとの出会いから　選び方まで………036
チンチラの入手方法……036
健康なチンチラの選び方……037
何歳のチンチラを迎えるか……038
オス・メスどちらを迎えるか……039

COLUMN
ほかの動物と同居できる?……040

Chapter 3　チンチラの住まいづくり　041

チンチラの住まいを　用意しよう………042
住まいづくりの際に注意すること……042
まずはこれ・チンチラの住まい……043

ケージを選ぼう………044
ケージ選びのポイント……044

飼育グッズを選ぼう……046

ステップ、ロフト……046
ハウス……046
敷材……046
食器……047
牧草入れ……047
給水ボトル……047
トイレ容器……048
砂浴び容器……049
砂……049
キャリーバッグ……050
温湿度計……050
体重計……050
アルミボードなど……051
ヒーターなど……051
回し車……051
ほかのオモチャ……052

ケージのレイアウト……053

チンチラに適した飼育環境……054

ケージの置き場所……054
温度管理・湿度管理……056
部屋で遊ばせる場合の安全対策……058

COLUMN
新しいスタイル、チンチラとハンモック……062

Chapter 4 チンチラの食事　063

チンチラに必要な食事とは……064

食事を考える際に注意すべきこと……064
チンチラは粗食の草食動物……065
まずはこれ・チンチラの食事……066

チンチラのメインディッシュ：牧草……067

牧草を与える必要性……067
牧草の種類……067
牧草の与え方……068
牧草の選び方……069
牧草の保存……069

チンチラのサイドメニュー……071

ペレットを与える必要性……071
与える量……071
ペレットの選び方……072

チンチラのトリーツ……074

トリーツを与える目的……074
トリーツの選び方……075

もっと知りたいチンチラの食事情報……076

飲み水……076
子どもの食事……077
高齢の食事……078
多頭飼育の食事……078
食事量の確認……079

COLUMN
「動物の5つの自由」
The Five Freedoms for Animals……080

PERFECT
PET
OWNER'S
GUIDES

Chapter 5　チンチラとの生活　081

チンチラとの暮らしを始めよう……082
チンチラの性格を理解しよう……082

チンチラとの上手なコミュニケーション……083
人との暮らしで進化する
チンチラのコミュニケーション能力……083
迎えたばかりの接し方……084
慣らし方の手順……085
抱っこの方法……087

日々の世話……089
チンチラに必要な世話……089
チンチラの砂浴び……091
グルーミング……092

暮らしのプラスアルファ……095
トイレを教えるには……095
噛み癖の理由と対応……096
留守番のさせ方……098
外に連れて行く方法……099

チンチラと遊ぼう……100
「へやんぽ」の方法……100

チンチラの多頭飼育……102
多頭飼育をどう考える？……102
多頭飼育の注意点……103

COLUMN
「だいすきだよ」～お別れのときに……104

Chapter 6　チンチラをもっと知りたい　105

チンチラの分類……106
チンチラは齧歯目……106

チンチラってどんな動物？……108
チンチラの野生での暮らし……108
チンチラと人間……109
チャップマン氏のチンチラ研究資料……110

チンチラの心を知ろう……112
チンチラの喜怒哀楽……112

チンチラの身体を知ろう……113
身体の特徴……113

チンチラの行動を知ろう……118
チンチラのしぐさ……118
チンチラの鳴き声……118

チンチラの繁殖を知ろう……119
繁殖の前に……119
繁殖にあたって……120
お見合いから出産まで……121
妊娠の兆候と出産の準備……122

チンチラの子育て……124
チンチラベビーの成長過程……126
人工保育……127

チンチラ海外事情……128
中国　比べものにならない認知度……128

香港　高温多湿でもその地位は不動……129
欧米　頻繁に開催、チンチラショー……130
野生のチンチラを守る
"Save the Wild Chinchillas"……132

COLUMN
日本での課題と期待……134

Chapter 7　チンチラの健康管理　135

チンチラの健康を守るために……136
チンチラを病気にさせないために……136
サプリメントについて……138
チンチラと動物病院……139

チンチラの看護……141
看護の心構え……141

チンチラの健康チェック
（文：角田満）……142
チンチラの内臓……142
健康チェックのポイント……143
「正常」を知って早期発見につなげよう……144
毎日のお世話の中での健康チェック……144

チンチラに多い病気
（文：角田満）……145
歯科疾患……145　　眼科疾患……154
消化器疾患……147　生殖器疾患……155
感染症……150　　　泌尿器疾患……157
神経疾患……151　　皮膚疾患……158
呼吸器疾患……152　そのほかの病気……161
心臓疾患……153

人獣共通感染症
（文：角田満）……164
人獣共通感染症とは？……164
チンチラの人獣共通感染症……164
共通感染症を予防するためには……165

知っておきたいチンチラ資料編　166

チンチラと防災……166
災害時、どこに逃げる？！なにを持っていく！……166
どのような避難をするか決めておこう……167

チンチラと法律……169
意外と周知されていない日本の動物の法律
「動物愛護法」……169
野生動植物を守る世界的な法律
「ワシントン条約」……170
レッドリストって何？……171

CITESの日本版
「絶滅のおそれのある野生動植物の種の保存に関する法律」……172
「感染症の予防及び感染症の患者に対する医療に関する法律」（感染症法）によって　輸入規制されたチンチラ（齧歯目）……172

あとがき……175
参考文献……175

ボクたちは遠い昔高い山の上の方で暮らしていたんだ。
険しい斜面の岩場に隠れて生活していたんだよ。
そこはとても乾燥していて厳しい気候だった。
たくさんの群れをつくって協力しながら生きていたんだ。

天敵がえさを探している昼間は寝ているんだよ。
気づかれないように静かに静かにね。
彼らが寝静まった時間にボクたちは活動する。
えさを探したり家族と走り回ったりするんだ。

ボクたちは仲間や家族を大切に思っているよ。
だからなにがあっても生きることをあきらめない。
真正面から立ち向かうんだ。
愛するものを守るために。

見かけよりも強いんだよ。
足だってとても早いんだ。
壁面走りだってできる。
運動神経には自信があるんだ。

もちろんジャンプだって得意だよ。
どこまでだってのぼっていける。
目標を決めたらどんな手段を使ってもやりぬくんだ。
強く生きるために。

ボクたちはそんな山から連れてこられて
気がついたら人間と暮らすようになった。
優しい人もいればそうでない人もいたよ。
人間は敵なのか味方なのかよくわからない。

だから教えてほしんだ。
人間と暮らすということを。
ボクたちには「考える」という能力がある。
教えてくれたことは決して忘れないよ。

そしてボクたちのことも知ってほしい。
日本には存在しなかった動物なんだ。
ボクたちには「愛する」という心があるんだよ。
あなたを信じてずっと一緒に暮らしていきたいから……。

はじめに Introduction

　『チンチラ完全飼育』は、2002年2月に発刊された『ザ・チンチラ』(小社刊)から15年ぶりに発刊となるチンチラの飼育書です。そして、この本を企画した2011年からは約6年が経過しています。

　日本におけるチンチラの情報は非常に乏しく、数少ない小動物専門店の店主の皆さんが、個人的にチンチラをこよなく愛しつちかってきた経験の伝授によって、日本のチンチラたちはどうにかここまで生きてきたという現実がありました。欧米諸国では、規模は小さいながら、うさぎやモルモットと同じようにブリーダー集団があり、飼育書は毎年何冊も発刊されています。もちろん、そこに書かれている情報がすべてではありません。日本には通用しない飼育方法や必要のない情報もあります。それでも、日本よりは確実に情報は進んでいます。そこで私は、自分の知識に偏らず、独断や偏見をなくし、日本内外の知識と情報を集結させ、日本人向けに噛み砕いた日本人のための飼育書を目指しました。

　愛するチンチラとの別れがどんなに辛いものか、私自身が一番わかっています。現代の医療では治すことができない病気でこの世を去ってしまった愛チンチラたちにまた会いたい。そしてもしまた出会えるならもっと一緒にいたい。だからこそ、どの項目にも苦悩を重ね、それでもなかなか前に進めないとても苦しい6年間でしたが、飼い主と愛チンチラたちが一日でも長く幸せに暮らせることを心から祈って文章を書きました。

　そして、今回この本をつくるにあたって、根気よく完成を待ち続けてくださった誠文堂新光社の三嶋さん、どんなときも優しくお仕事を助けてくれた前迫さん、いつも楽しい撮影現場をつくってくれた井川さん、愛あふれるイラストを描いてくださった平田さん、長い旅路のお尻たたき役だった大野さん、本当に素敵なチームでした。ありがとう。

　どうか、この本を手に取ってくださったすべての方に
「チンチラと暮らして幸せだった」と心から思ってもらえますように……。

鈴木理恵

PERFECT PET OWNER'S GUIDES

Chapter 1

チンチラの バリエーション

美しきカラーバリエーション

Chapter 1 チンチラのバリエーション

スタンダードグレー

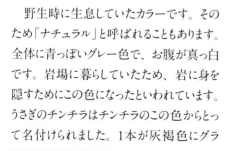

　野生時に生息していたカラーです。そのため「ナチュラル」と呼ばれることもあります。全体に青っぽいグレー色で、お腹が真っ白です。岩場に暮らしていたため、岩に身を隠すためにこの色になったといわれています。うさぎのチンチラはチンチラのこの色からとって名付けられました。1本が灰褐色にグラデーションしているアグーチカラーです。チンチラショーでは、LightからExtraDarkまで分かれて審査されるほど、その濃淡にはバリエーションがあります。抜け毛がひどくなったりして、毛の長さが乱れるとまだら模様に見えたりもしますが、長さや密度が均等であれば表面はきれいな濃いグレー色になります。

モザイク（パイド）

　白色にグレーまたはほかの色の柄や模様が入ったカラーです。耳はグレーです。身体全体の表面にうっすらグレー色がかかったようなものをシルバーモザイク（パイド）、全体がほとんど白いものをホワイトモザイク（パイド）と呼ぶこともあります。日本ではパイドと呼ばれることのほうが多いカラーですが、世界的に見るとこのタイプのチンチラはモザイクと呼ばれることが多く、繁殖やチンチラショー等ではホワイトに分類されます。

ホワイト

　全身のほとんどが白です。耳はピンクです。ベージュっぽい色が頭や身体や尻尾の付け根に入りやすいです。目はぶどう色や茶色、黒っぽい色まで幅があります。

ピンクホワイト

　全身混じりもののない白で目はピンクです。耳はピンクです。

ベージュ（シナモン）

ヘテロベージュ

ホモベージュ

　全体が薄い茶色で、お腹は真っ白です。耳はピンクです。歳を重ねるにつれて耳に柄が現れやすいです。目は黒っぽい色からピンク色までさまざまです。ベージュは両親をベージュにもつと、とても薄い色の子が生まれ、ホモベージュと呼ばれます。またグレー以外のほかのカラーをかけあわせると、ほかの毛の色に影響を受けやすく、同じベーシュでも光の加減で違った光沢をもつことがあります。

ブラックベルベット

　身体の表面のほとんどが光沢のある黒で、あごから下のお腹が白です。黒い部分はベルベット調の毛並みでほかのどのカラーよりも抜きん出て手ざわりや光沢が素晴らしい毛質をしています。毛並みや身体つきをよくするためにブリーダーに重宝されるカラーです。

エボニー

　全身黒です。ベルベットとはまた違った色味です。両親のカラーにより濃淡が出ます。黒が薄い場合は、マホガニーやチャコールと呼ばれることもあります。

バイオレット

　全身がすみれ色で、お腹は白です。耳は薄いグレーです。両親のカラーや血統で、濃淡があります。エボニーと交配させた単色のバイオレットはラップ・アラウンド・バイオレットまたはバイオレットエボニー等と呼ばれています。単色のバイオレットは濃い目です。

サファイア

　グレーやバイオレットと似ていますが、グレーよりも薄く、バイオレットよりも青みが強いです。お腹は白です。耳は薄いグレーです。バイオレット同様、エボニーと交配させた単色のサファイアはラップ・アラウンド・サファイアまたはサファイアエボニー等と呼ばれています。

ゴールドバー

　一見するとピンクホワイトやホワイトに見えますが、光にあたると頭や背中がうっすら金色に見えます。ベージュ色とはまた違った光沢のある色です。ゴールドバーはホワイトではありません。そのためゴールドバー同士の繁殖でも致死遺伝子は生まれません。

タン

全身が濃い茶色一色です。耳はピンクです。全身薄めの茶色をパステルと呼ぶこともあります。

ブラウンベルベット

全身が濃い茶色で、お腹が白です。耳はピンクです。ベージュとブラックベルベットからも生まれるため、TOV(タッチオブベルベット)ベージュとも呼ばれます。ベージュにベルベットの光沢をのせた色という意味です

カラーバリエーションのいま

Chapter 1 チンチラのバリエーション

増えているチンチラのカラー

今ではカラフルなイメージのあるチンチラですが、野生のチンチラはスタンダードグレーのみでした。突然変異やブリーダーたちの改良を経て、たくさんのカラーが存在するようになったのです。そして、そのネーミングは、国やブリーダー団体、またブリーダー個人によって異なります。どれを公認色にするかなどはブリーダー団体によって、名前も決まりも違っています。そして、新しいカラーのブリードに力を注いでいるブリーダーもたくさん存在します。過去の新しいカラーのネーミングには、そのカラーを確立させたブリーダー名やその土地の名前が採用されます。そのブリーダーが確立する前に突然変異などで自然に存在していたものも数多くありますが、その遺伝子の研究や安定したブリードを提供できるようになって初めてそのカラーが正式に誕生したということになります。たとえば、Wilson氏が確立したウィルソンホワイトやTower氏が確立したタワーベージュ、Sullivan氏が確立したサリバンバイオレット(アフロバイオレット)などがあります。カラーの通称としては、ブリーダー名を外して呼ばれます。日本にはその各国の情報が少しずつ入ってくるため、情報が交錯しているといってよいでしょう。国によって、同じカラーでも違ったネーミングで呼ばれていることがあるからです。20年ほど前に比べると、本当にたくさんのカラーが日本に存在するようになりました。きっとまだまだこれからも新しいカラーは登場し続けるでしょう。未来のチンチラのカラーバリエーションがとても楽しみです。

新たなバリエーションの登場

チンチラには、モルモットのように長毛種や巻き毛種などの種類がないものと思われていましたが、10年ほど前から海外ではそれらの品種が登場しています。

長毛種は、1960年代にアメリカの毛皮ブリーダーのもとで突然変異で誕生しました。その後その品種を手に入れたアメリカのチンチラブリーダーであるTamara Tucker氏とPamela Biggers氏の研究によって新しい形の遺伝子が発見されました。新品種として確立された2005年、その品種名を「Royal Perusian Angora（ロイヤル・ペルジアン・アンゴラ）」と名付けています。

また、巻き毛種は、ドイツで、黒の遺伝子からやはり突然変異で生まれました。その後、アメリカのChinchillas.comのLaurie Schmelzle氏によってアメリカに輸入され、チンチラブリーダーであるTamara Tucker氏とJim Ritterspach氏にその品種が分けられました。輸入した巻き毛のチンチラたちは身体が非常に細く、毛足も短く、巻き毛も少ないものでした。彼らはその後、毛足も長めでしっかりとした巻き毛のチンチラを遺伝子学的に誕生させることに成功し、2007年にその新品種を「Locken（ロックン）」と名付けています。

「ロイヤル・ペルジアン・アンゴラ」は、発表された2005年より、世界中へ輸出されました。現在では、アメリカやヨーロッパ、中国などでさかんにブリーディングが行なわれています。もう数年もすれば、世界中に認知される品種となるでしょう。2016年時点では、ほとんどのカラーが出現していますが、まだまだブラックベルベットやバイオレットなどはレアカラーとされ、市場では非常に高値で取引をされています。

ただし「ロイヤル・ペルジアン・アンゴラ」の質を保つことは実は非常に難しいとされています。それは「アンゴラ」同士を交配すれば

▲ ロックン（エボニー）▶

▲ ロイヤル・ペルジアン・アンゴラ（スタンダードグレー）▶

確かに「アンゴラ」が生まれるのですが、サイズや毛の長さが短くなる傾向があるからです。もともとチンチラの長毛種は、うさぎの長毛種のようにびっくりするほど毛が長いわけではなく、気持ちふんわりと長く、尻尾の毛が特徴的な長さであるくらいです。そのため、ブリーディング過程において、毛量が多く体格のよいアンゴラではないスタンダードグレーを混ぜていかないと、どんどん毛がすいてくる、短くなる、非常に小さな身体になるという現象が起こりやすくなります。それでも、「毛足が長ければ『アンゴラ』でしょう？」というブリーディングを行なうブリーダーも増え、当初の「ロイヤル・ペルジアン・アンゴラ」の魅力に欠けるいわゆる「アンゴラチンチラ」も多く出回ってしまっているようです。逆に、Tamara Tucker氏は、発表時よりさらに毛足が長くなる遺伝子を発見し、現在は次世代の「ロイヤル・ペルジアン・アンゴラ」のブリーディングに力を注いでいます。

しかし、その「ロイヤル・ペルジアン・アンゴラ」の順調なデビューや進化とは打って変わって、「ロックン」は、2016年現在、非常に苦戦しています。黒の遺伝子に依存するため、カラーバリエーション展開が非常に難しく、生まれたてはクルクルのカールでも、大人になるにしたがってカールが消えていってしまうという現象が多くあります。また当初の"細身"の傾向がなかなか改善されずにいます。ブリーダーたちの望む、誰からも見ても魅力的な"ロックン（カーリー）"が世界中に普及され認知されるまでにはあと10年はかかるだろうと予想されています。

日本には、どちらも2011年にTamara Tucker氏とJim Ritterspach氏から直接筆者の元に輸出されています。2015年12月の第1回ジャパンチンチラフェスティバルで「ロイヤル・ペルジアン・アンゴラ」が、2016年12月に第2回ジャパンチンチラフェスティバルで「ロックン（カーリー）」が日本で初めてお披露目されました。

ロイヤル・ペルジアン・アンゴラ（ホワイト）

ロイヤル・ペルジアン・アンゴラ（モザイク）

ロイヤル・ペルジアン・アンゴラ（モザイク）

あやかりたいな チンチラご長寿記録・国内編

長生きさんが増えてきた日本のチンチラ

　本来チンチラの寿命はとても長いです。小型草食動物の中では、抜きん出て長生きな動物といえるでしょう。

　それでも、日本では長年飼育方法が曖昧であったため、長生きをするチンチラが少ないように思われてきました。チンチラが日本で当たり前に飼育されるようになったのはつい最近です。ですから、長生きのチンチラに出会わないのは当然だったともいえるでしょう。それでも、現在では、15歳越えのチンチラさんは多くなりました。

● ストレスフリーを心がけて……

　まず最初に、1998年6月にお家にお迎えされた《ももさん》さん。

　生年月日がわからず、お迎えされたときが生後どのくらいかはよくわからないのですが、明らかに子どもではなかったそうです。おそらく生後半年くらい。2016年12月現在、おそらく19歳くらいと考えられます。体重は、500g前後。活発で優しく物怖じしない女の子です。たまに、女王様気質なところもありますが、かわいいポーズをとればおいしいものがもらえると知っている頭のいい子だそうです。好きな食べ物はさくらんぼ。掃除機や雷の音はまったく気にしません

が、ペットボトルをつぶす音が苦手だとか。トイレの場所も完璧に覚え、お部屋の中のお散歩も疲れたら自分でケージに帰るというしっかりものの《ももさん》さん。長生きの秘訣は、みんながみんな同じではないので、その子にあったケージ環境、食生活、運動量をよく観察して見極め、できるだけストレスフリーになるような生活を心がけたことではないかということです。(取材協力:清家かよさん)

● よく食べてよく運動して……

　そして、2016年9月29日に20歳のお誕生日を迎えた《グラ》ちゃん。

　飼い主さんの元で生まれたチンチラさんになりますので、その年齢は正確です。

　ママとパパもそばで一緒に暮らしていましたが、12～13歳で亡くなっています。また《グラ》ちゃんには一緒に産まれた兄弟の《グリ》ちゃんもいましたが、《グリ》

COLUMN

ちゃんは17歳で亡くなっています。《グラ》ちゃんが一番の長寿となりました。体重は580g。温和でマイペースな男の子です。いままで大きな病気はひとつもありません。

《グラ》ちゃんの長生きの秘訣は、ママやパパもわかっていたので性質や性格が見極めやすかったこと、20年通してほとんど食欲が落ちたことなく、牧草が大好きだったということでしょうか。よく食べてよく運動してよく寝ることはとても大切なことですね。（取材協力：小田香世さん）

● チモシーが大好き……

ペットショップでチンチラを知り、しっかりと説明を受けたあと、運命の出会いをしてお迎えされたという《ララ》ちゃん。生年月日はわからなかったそうですが、一緒に暮らし始めてから21年経っています。

とにかくチモシーが大好きで、食事はほかにチンチラフードと乾燥野菜です。生野菜も好きで、ときどき食べています。脂肪分が高いエサはできるだけ避けるようにしていました。性格は温厚な方で、噛まれたこともなく、呼べば振り向いたり、出して欲しいと小屋の入り口をかじかじしたりとおねだりをしたりします。途中で男の子もお迎えしたそうですが、残念なことに先に亡くなってしまいました。プレーリードッグをお迎えした際に、円形脱毛症ができたことがありましたが、離れて暮らすように心がけると治ったようです。「これだけ長く一緒にいると、もういて当たり前の存在。おばあちゃんになりましたので、このところだんだん右目が白っぽくなってきていますが、元気で部屋の中を歩き回っています」とのこと。（取材協力：宇田川みゆきさん）

ぜひこれからも全国のご長寿チンチラさんが、楽しく長生きしてくれることを祈っています。

そして、まだまだ若いチンチラさんは、本当に20年一緒に暮らせることを信じて、いつまでも元気を目指したいですね。

COLUMN あやかりたいな チンチラご長寿記録・海外編

ギネス世界記録®に認定！
29歳229日

　日本では、2002年に発刊された「ザ・チンチラ」（誠文堂新光社）の著者であるリチャード C.ゴリス氏が飼育していたチンチラが27歳まで生きたという記録に驚かれた方も多いのではないでしょうか。

　最初に野生のチンチラをアメリカに連れて帰ったチャップマン氏が可愛がっていたチンチラも23歳まで生きたという記録があります。

　どちらの話もたいていの人が「そんな馬鹿な……」となかなか信じてくれませんでした。

　ところが、なかなか信じてもらえなかったそれらの記録を抜いて、ギネス世界記録に登録されたチンチラがいます（2016年12月現在）。

　なんとその年齢は、29歳229日（1985.2.1～2014.9.18）。

　1985年2月1日にドイツで、Christina Anthony氏の元で生まれた「Radar」くん。ベージュの男の子です。

　このギネス世界記録は、チンチラと一緒に暮らす者としては、なんとも嬉しい記録です。世界中のチンチラファンが興奮したと思います。そして、たくさんの小動物を飼育する方達にも大きな希望となったに違いありません。

　ちなみに、猫の史上最長寿ギネス世界記録は、38歳です（2016年10月現在）。これはとても素晴らしい記録です。犬では、29歳193日（2016年10月現在）。ただし非公式では30歳以上の記録は数々あるようです。

　公式記録としては、チンチラの長寿記録が犬を越してしまったということになります。そして、今後は30歳を越えるチンチラさんが登場することを世界が心待ちにしていることでしょう。

　チンチラを迎えるには、自分も長寿を目指して、生活しないといけませんね。

30歳近くまで生きた、Radarくん

PERFECT
PET
OWNER'S
GUIDES

Chapter 2

チンチラを迎える準備

日本人から見るチンチラの魅力

変化してきたチンチラのイメージ

　チンチラが販売され始めた数十年前、彼らがペットショップに存在するだけでそれはそれは貴重なものでした。それでも、クタッとした毛並みのスタンダードグレーのみ。表情も乏しく、目を細めていぶかしげにこちらをうかがうというスタンスがほとんどでした。

　ところが、年を追うごとに海外からの輸入が促進。カラーバリエーションが豊富になったうえ、それぞれのパーソナリティもわかりやすくなりました。またチンチラの人気が広がるにつれて国内繁殖を試みる繁殖家も増え、国産のチンチラも多く出回るようになり、カラフルで人の手を怖がらないチンチラがお目見えし始めます。ケージをのぞくと寄ってきて手を伸ばしてくる姿から、もしそのチンチラを迎えたらどんな関係になるかが想像しやすくなったといえるでしょう。チンチラの「お地蔵さま」「モアイ像」伝説は払拭され、愛くるしい表情とコミカルな動きが魅力的な動物として再認識され始めています。

日本人好み!?
陽気なキャラクター

　チンチラの一番の魅力は、ハムスター以上に器用に手が使えること。小鳥のように跳ね回れること。うさぎ以上の毛並みをもつこと。そしてなにより陽気でマイペース、物事に対してとてもポジティブなところではないでしょうか。

　日本人は欧米人に比べて、生真面目で思いつめやすい人種であるといわれ、必然的に似たような動物を家族に迎える傾向がありました。ところが、社会が欧米化され、日本人の性質も欧米化されたといわれる近年では、洋犬や洋猫が好まれ、南国の鳥や爬虫類、どちらかといえば珍獣的な動物と交わりたいという傾向が強くなってきました。

　チンチラはそのニーズに応えられる可能性の高いキャラクターをもった動物です。なぜなら、彼らの辞書に不可能はなく、失敗を失敗として記憶せず、成功のみを信じて生き抜くパワーの持ち主だからです。

生き方まで変えてくれる、それがチンチラ

　チンチラは、草食動物の中でもピカイチに頭脳明晰。学習能力が非常に高く、コミュニケーションを深めれば深めるほど、その頭脳に磨きがかかります。一度覚えたことは忘れません。そのため、いいことも悪いこともしっかり記憶されます。応用力も高く、器用です。

　たとえば、ごはんの時間。決められた量を餌入れに入れたとします。たいていのチンチラは、1本のペレットを一口かじり、半分捨ててしまいます。餌入れに半分になったそれが残っていても、いっこうに食べようとはしません。次を信じているのです。初めて食べるトリーツでも、とりあえずは片手でもらってみる。気に入らなければ捨てる。それでも、次を信じて手を出します。いつでも新鮮でおいしいものを追求する、妥協は許さない精神が、見ているこちらの生き方までをもポジティブに変えてくれる。チンチラはそんな不思議な動物たちなのです。

チンチラを迎える前に考えておくこと

動物を迎えるにあたっての心構え

　チンチラに限らず、動物を飼育するということは、かけがえのない命を育てるということです。一度お迎えしたら、その世話が面倒になったからといって、やめてしまったり、捨ててしまったりするようなことは、絶対にしてはいけません。責任をもって飼い続けることができるかどうか、動物を迎える前にはよく自分に問いかけてみてください。

　それでは、「動物を飼育する」ということはどういうことであるか、具体的に項目を挙げてみましょう。

1. 動物の住まいを整える

　動物の大きさや習性にあったケージやトイレ、ハウス、食器、水入れ、遊具、そのほか必要な飼育用品を選んで揃えてあげます。それぞれ清潔を保つよう定期的な掃除や洗浄が欠かせません。

　また、ケージやハウスを設置する場所の日あたり、風通しにも配慮し、動物にとって適切な温度・湿度が保てる場所に設置することが必要です。

2. 食事や飲み水をあげる

　動物の種類によって、食べるものはさまざまです。野生時の食性を知って、ペットとして飼育する場合になにをあげればよいのか、手に入れることは容易なのか、事前に調べておきたいものです。

　たくさんの量を食器に入れっぱなしにしておくのではなく、1日に1〜2回、食べきれる適度な量を食器に入れ、そのつど新しい食事を用意することになります（動物の種類によって違います）。

　動物によっては食べさせると危険なものも

あり、またあげる量によって、肥満や痩せすぎを招きます。食事について適度な量、栄養バランスは飼い主が責任をもって考え、用意しなければなりません。

また、いつでも新鮮な水が飲めるように、きれいな容器に飲み水を用意しておきます。

3. 適度な運動と安らげる休息の場を

たいていの動物は飼育下では、運動量が足りないものです。運動する場所や時間をつくってあげましょう。また動物によっては、ケージ内で身体を動かせる工夫や遊具が必要となるでしょう。

動物が落ち着ける環境づくりも大切です。習性に沿って休息できる工夫をしましょう。

複数の動物がいる場合、ケンカをしたり、ストレスになる場合があります。動物同士の適切な距離感を保てるようにしましょう。

4. 飼い主のマナーと責任

周囲の人や物に迷惑をかけない飼い主としてのマナーも必要です。騒音やにおい、抜け毛などは不快なものですし、動物が噛んだりして、危険を及ぼすかもしれないことを心にとめておかなければなりません。

反対に、飼育している動物に危害を加えるもの、動物、人がいれば、飼い主はそれらから全力で守ってあげなければなりません。逃げて行方不明にならないように注意も必要です。

5. お手入れで身体をきれいに

一般的な動物のお手入れは、種類によって、その内容と必要性、頻度は違ってくるでしょう。いずれにしても動物の身体を清

潔にし、健康を保つために必要なお世話です。面倒だからとお手入れをしないでいると、被毛は毛玉になり、皮膚は汚れて炎症を起こします。歩行を妨げるなどのケガにもつながります。

こうした健康を保つためにお手入れは欠かせないものですが、定期的に行なうことで動物とふれあうことができ、また動物の身体の異変をいち早く知ることができます。

6. 病気を予防する

動物によってかかりやすい病気があります。動物を迎え入れる前に、どんな病気にかかりやすいのか調べておきましょう。獣医療の進歩により、かかりやすい病気と予防の方法がわかってきています。動物を迎えたら、健康診断を兼ねて動物病院にかかり、病気について教えてもらいましょう。また、事前に、かかりつけの動物病院を探しておくことはとても大切です。

知っておきたい
チンチラ飼育の基本

チンチラの飼育について心得ておくことを挙げてみましょう。

1. 高温・多湿が苦手な夜行性の動物

チンチラは、温度・湿度にとても敏感で、適切な管理ができないと、体調を崩しやすい動物です。日本の夏の高温・多湿にはとても耐えられません。初夏から初秋まではエアコンによる調節が必要となるでしょう。また、チンチラは夜行性です。多少は飼い主の生活スタイルにあわせてくれますが、日中、よく寝ているところを無理矢理に起こして構うのはやめましょう。

2. 運動もいたずらも大好き!

チンチラはよく動きます。運動神経抜群なうえ、タフで疲れ知らず……。チンチラを狭いケージに入れっぱなしにはできません。運動させてあげる時間や場所が必要です。

また、チンチラは遊び好きでいたずらも大好きです。好奇心旺盛でどこにでも入ろうとし、なんでもかじろうとします。お部屋でお散歩させるときは絶対、目を離してはいけません。コードや家具などかじられない工夫も必要です。

ケージの大きさは、できるだけ大きいものがよいですが、日本の家屋では限りがあります。ケージ内は安全かつ退屈させないレイアウトを考え、遊具なども常時入れてあげましょう。

3. お部屋に被毛や砂浴び用の砂が舞う

なでると思わずうっとりするチンチラの被毛は、とても細くて柔らかくつやつやしています。被毛は細いうえに一つの毛穴から100本ほども生えていて、チンチラの身体をみっちりと覆っています。

その細くて柔らかい被毛は抜ければ、ところかまわず舞うことになります。周辺のこまめな掃除が必要です。

また、そのすばらしい被毛を保つためにも、チンチラには"砂浴び"が欠かせません。砂浴びによって、余分な油分や汚れを落とし、被毛の間に空気が通り、被毛や皮膚を清潔に保ちます。非常に細かい砂を使うので、その砂が飛びちります。

空気清浄機などが必要になるかもしれません。

4. 病院を探すのが大変!

町の中に動物病院をいくつも見ることができますが、チンチラを診ることのできる動物病

院を探すのは、なかなか難しいことでしょう。犬や猫の診たては確かでも、チンチラを診ることができるとは限りません。近いから、と妥協もしないでください。チンチラを迎える前にできる限りチンチラを積極的に診ている動物病院を探しておきましょう。見つけることができないときは、チンチラを入手するお店に相談してみたり、インターネットなども活用して情報を入手し、どうしても見つけられない地域では、うさぎを診ている先生に相談してみましょう。

5. チンチラの寿命を知っていますか?

ハムスターを飼っていた人が、次に飼うなら、「もう少し寿命の長い動物を……」と考え、チンチラをお迎えするという話をときどき聞きます。

ハムスターの平均寿命は1～2歳、3～4歳生きると長寿といわれ、チンチラの寿命は平均10～15歳といわれています。チンチラは、とても長生きな動物なのです。

6. お金も時間も手間もかかる

最初に飼育道具一式を購入した後は、フード代をはじめ、消耗品代やエアコン代などの光熱費にお金がかかります。チンチラは、犬や猫、ハムスターやうさぎほどには、ペットとして名前を知られていません。チンチラ用のフードは、需要が少ないこともあり、単価がやや高めかもしれません。動物病院にかかる費用(病気にならなくても健康診断を受けます)も決して安くはありません。チンチラを診てくれる動物病院が近所にないことも多く、遠方まで行くこともあるでしょう。

お金だけではなく、チンチラを迎えれば、そのお世話に時間も手間もかかります。特にチンチラはとても寂しがりやです。飼い主が忙しく、構ってあげないことが続くと体調を崩すことも多いのです。

チンチラを迎えたいと考えたとき、自分のいまの生活に「余裕」があるかどうかをよく考えてみてください。

チンチラの入手方法

チンチラをどこで入手するかというと、総合ペットショップ、小動物専門店、チンチラ専門店、ブリーダーなどがあります。また、動物を販売しているお店ではなく、友だちや知人から譲ってもらう、あるいは知人ではなくとも里親募集サイトなどから、といったケースがあります。

ペットショップの中には、犬や猫のほか、さまざまな動物を扱う中で、ただ品揃えのためだけにチンチラを置いているケースがあります。店員がチンチラをよく知らないまま、チンチラを適切でない環境で育てていることもあります。たとえば高温・多湿、または不衛生な環境であったり、牧草を食べさせていなかったり、食べてはいけない食事を与えられていたり、接し方が乱暴だったり……。こうした中で育ったチンチラは、育つ過程で心身ともに問題を抱えてしまいます。家に迎えてから食事に困ったり、病気がちであったりなど、苦労するかもしれません。

また、動物を販売する際には、その動物種の生態や、その動物についての説明をしなければならない義務がペットショップ側にあります。説明できないショップで迎えることは避けましょう。

まずは自分が勉強して

飼い主が前もって、チンチラのことを勉強しておく必要があります。お店の環境をよくチェックすると共に、店員さんにいろいろと質

問をしてみましょう。ちぐはぐな答えをされるようでしたら、そこで育ったチンチラには、なんらかの問題があるかもしれません。勉強して、適正な環境のもとで育ったチンチラを迎えましょう。

日本ではまだチンチラの数が少ないので、地域によってはチンチラのいるお店自体を探すことも大変でしょう。もちろん近所のお店にたまたま1匹だけいたとか、または偶然立ち寄ったお店でチンチラに出会えたということがあるかもしれません。それでも、衝動的に購入せず、もっと探す範囲を広げて、時間をかけて検討してみましょう。探す範囲が遠方になったとしても、長いおつきあいとなるチンチラです。できる限り健康で美しく、相性のよいチンチラと出会えるまで探してほしいと思います。

健康なチンチラの選び方

　まずはチンチラの特徴でもある毛並みを見てみましょう。じっとりとベタついていたり、毛がところどころ固まっていてはいけません。さらさらでふわふわな手ざわりがチンチラの特徴なのです。また、さわってみて肉付きがガッチリと固いこと、四肢はしっかりと身体を支えて立っているかを確認しましょう。

　健康なチンチラであれば目がキラキラと輝き、ちょこまかと元気に動きます。ただし、眠いときのチンチラは、まったくやる気のない感じでじっとしています。何回かお店に通ってもチンチラが眠そうにぼーっとしている場合は、店員さんに起きている時間を聞き、訪れる時間を変えてみましょう。

　または、さわらせてもらったり、抱っこさせてもらうことで目覚めるかもしれません。別の場所に移動させてもらうことで目覚めることもあります。必ず起きて動いている様子を観察させてもらいましょう。

　また、お尻周りが汚れていないかも確認します。何匹かいれば、フンを比較します。大きくて固めのフンをしている子がよいでしょう。1匹しかいなければ、比較することはできませんが、事前にチンチラがどのようなフンをするのか調べておき、確認してください。

　たまに耳や尻尾が切れているチンチラがいます。両親やきょうだいにかじられることがあったり、輸入時の移動中に傷つくことがときどきあります。ただし、その傷が最近のものであったら、狭いケージにチンチラが多く押込められたりして、ストレスで傷つけあったものかもしれません。そういう傷は要注意です。

　お店でチンチラを購入する以外に、友人や知人、ネット上で知りあった人からチンチラを里子にもらうということもあるかと思います。お金を払わずに入手できるからといっても、先に述べたように、里親先の人と話をしてチンチラが育った環境と健康状態を確認することに変わりはありません。なあなあになり、妥協することのないようにしましょう。

何歳のチンチラを迎えるか

　チンチラの離乳は生後1ヵ月半といわれているので、その頃から店頭に並び、販売されていることがあります。ベビーと呼ばれる時期で、とても小さくて可愛らしいだけでなく、人を認識し始める頃でもあるため、上手に接すれば飼い主にとてもよくなつきます。しかし、その間に母親からの授乳がたっぷり行われたかどうかは個体や環境によって違いますし、免疫の移行期間は4ヵ月まで続くので、この頃のチンチラを家庭に迎えると、体調を急に崩すことも多いのです。初心者では、その世話が難しいかもしれません。チンチラの心の健康のためにも、2〜3ヵ月までは母親と一緒に過ごさせたいものです。

　チンチラは、生後4ヵ月から1年くらいでヤングと呼ばれる子どもの時期に入ります。大きさや体型など将来の姿を想像することができ、性格もはっきりしてきます。免疫移行期間も過ぎているので、この頃が家庭で迎え入れる時期としておすすめです。

　また1、2歳であっても、世話をするスタッフなどから適切な接し方をされていれば、逆にとてもよく人に慣れています。飼い主にもよくなつき、新しい環境にもすぐになじむでしょう。性格も身体もできあがっていて、店頭で見て感じた性格のままお家でも変わらずに過ごすことが多く、体調も安定しています。

　先にも書きましたが、チンチラについての知識を十分に持ち、適切な飼い方でチンチラを育てているお店を探すことが、よりよいチンチラを入手する一番の早道なのです。

生後約1ヵ月半、まだまだママが恋しいんです

オス・メスどちらを迎えるか

　ほかの小型草食動物に比べると性差は少ないでしょう。ただ、オスは、群れを守る本能があってなわばり意識が強いので、気持ちがあちこちに向いてしまうことがあります。メスは、お母さんになる本能から自分の身体を守ろうとする意識が強く、自分に嫌なことをされそうだな、と思うとオシッコをかけてくることがまれにあります。

　また、そのチンチラのもって生まれた性質で、慣れる慣れないには時間差があるでしょう。ただしどのチンチラも思いやりをもって愛情深く接していけば必ず慣れます。その時間の差があるだけなのです。

　ほかの小型草食動物では、避妊手術をしていないメスは、メスを死に至らしめる子宮がんなどの病気にかかりやすいのですが、チンチラには、がんは少ないといわれています。

　今後25歳を超えるようなチンチラが増えてきた場合、20歳を過ぎて子宮疾患が表れるといった憶測もできますが、現在のところはメスに致命的な子宮の病気がチンチラに少ないことから、オス、メスで寿命に違いはありません。

毎月かかる費用のことも考えて

　チンチラはうさぎやモルモットに比べると食事量はとても少ないです。その量を見極めることができれば無駄がなくなります。消費量が少ないので、なるべく良いものを厳選してほしいと願い、質のよいフード、牧草、砂で1ヵ月分の費用を概算してみました。

　プレミアムフードが1〜2ヵ月に2000円、砂が1ヵ月に1000〜1500円、牧草が500gで700円のものを購入したとして1ヵ月に2つ、1500円くらいです。副食や掃除用品などを含めて1ヵ月に5000円から10000円前後がかかることでしょう。

　チンチラの場合は、夏だけに限らず、一年を通してエアコン使用の必要性があり、電気代がかかることを覚悟しなくてはなりません。

　また、どんな動物にも当てはまりますが、動物病院にかかる費用も必要です。これは普段から貯金をしておくなど、対策をとっておくとよいでしょう。

お金のことも大切にね

ほかの動物と同居できる？

　チンチラは、同じチンチラには過剰反応する子でも、なんの理由もなくほかの種類の動物を攻撃することはあまりありません。興味がないことのほうが多いでしょう。ほかの小型草食動物にある「ほかの動物を見たら敵と思え」というような感覚がほとんどありません。

　それでも、野生時に天敵であった猛禽類やキツネ、イタチの仲間のフェレットなどには気をつけなくてはなりません。猛禽類は、そこにいるだけで独特な雰囲気を放ち、チンチラをじっと見つめているので、知らず知らずのうちにチンチラにストレスがたまっていくことがあります。フェレットは、気を抜くと、口を出してしまうかもしれません。しつけの行き届いた犬や猫であれば、あからさまに襲うことはありませんが、遊び感覚でじゃれて、爪や歯がチンチラにあたると、チンチラが大ケガをすることがあります。また、一度でも「攻撃された」と感じると、豹変します。その相手に異常に過敏になり、尻尾を振って威嚇、興奮し、場合によってはわざわざ背後から噛みつきにいきます。「安全な相手だ」と認識すればまったく気に留めず、「危険な相手だ」と認識すると執拗に警戒する、頭脳明晰なチンチラだけに一度インプットされるとその反応が明確なのかもしれません。飼い主の見ていないときに、同じ部屋に放すことは絶対に避けましょう。

Chapter 3

PERFECT PET OWNER'S GUIDES

チンチラの住まいづくり

Chapter 3
チンチラの住まいづくり

チンチラの住まいを用意しよう

住まいづくりの際に注意すること

チンチラをお迎えする前には、チンチラにあった飼育用品を用意します。

飼育用品は、できる限りチンチラ用を使用しましょう。

□安全な素材でできていること

チンチラは、とにかくかじります。器用な前足を使ってものを持ったり、すぐにかじって口に入れたり、ものによじ登ったりします。直接ふれても安全な素材、また構造上危険でないものを選びましょう。

□丈夫で壊れにくいこと

チンチラはとてもわんぱくです。そしてかじります。壊れること自体、危険な場合もあるので、できるだけ丈夫なもの、壊されにくいものを選びましょう。

□掃除がしやすいこと

衛生が一番の健康の秘訣です。ケージ内はこまめに掃除をしましょう。また、飼育用品は身体に直接ふれるものです。洗いやすいもの、掃除のしやすいものを選びましょう。

□チンチラの習性や行動にあった構造

チンチラは、ほかの小型草食動物に比べても跳躍力のある動物です。横にも縦にも動くことのできるケージを選びます。小動物用のステップ設置で、空間をよりよく活かせるようにしましょう。

また逆にケージを用意せず、チンチラをお部屋で放し飼いにしたいと考える方もいるかもしれませんが、チンチラは非常に好奇心旺盛で、飼い主が目を離したすきや留守中にどんな事故を起こすかわかりません。放し飼いは不可能ではありませんが、安全のためにもケージを用意して、チンチラの住まいにしてあげましょう。

チンチラ用ケージの一例
コンフォート60 ハイルーフ（ロイヤルチンチラ）
W60×D45×H68cm

まずはこれ・チンチラの住まい

用意するもの

- ☐ ケージ
- ☐ ステップ、ロフト、ハウス、ハンモック
- ☐ 敷材
- ☐ 食器、牧草入れ、給水ボトル
- ☐ トイレ用品
- ☐ 砂浴び容器、砂
- ☐ キャリーバッグ
- ☐ 温湿度計
- ☐ 体重計
- ☐ 温度対策グッズ
- ☐ オモチャ
- ☐ 掃除用品

「かじる」という習性と飼育用品

小型草食動物は、ものをかじることが大好きです。特にチンチラの場合は、かじって食べてしまうことが一番の問題となります。まれにまったくかじらないチンチラもいますが、お迎えしたチンチラがどのくらいかじる癖があるかどうか見極める、またはお迎えする予定のショップを下見してから用品を揃えるほうがよいでしょう。

最近では、陶器、プラスチックよりも強度のあるメラミン製品や強化プラスチック用品も多く発売され、チンチラに向く商品も多くなりました。

住まいのポイント

- ☐ 安全なこと
- ☐ 丈夫なこと
- ☐ 掃除がしやすいこと
- ☐ 習性にあっていること
- ☐ 使いやすいこと

ロフト、ベッドなど

食器など

オモチャ

ケージ

そのほかの用品

ケージを選ぼう

ケージ選びのポイント

ケージは、チンチラがスムーズに動き回ることのできる広さと高さが必要です。日本で推奨されるチンチラのケージサイズの目安としては、幅60〜80cm、奥行き45〜60cm、高さ60〜100cmほどです。

チンチラの年齢や性格、運動能力などによって、ケージのサイズを考えましょう。

迎えたばかりの幼いチンチラは、環境に慣れるまでは非常に大きすぎるケージだと落ち着かない場合もあります。

また掃除のしやすさも重要です。ケージの床面はこまめな掃除が必要になります。

床に敷いてある底網を外すのに、床部分からケージの上部全体を取りはずさなければならないタイプは、底網を取り出すだけで大変な作業になるので、ケージの設置時に底網を敷かずに使うこともあります。ケージから床トレーや底網が引き出せるタイプは掃除がしやすいでしょう。

扉も各ケージによって、間口の広さや取り付け位置が違います。チンチラのケージ内には用具をたくさん設置するので、間口は広いほうがよいです。チンチラが逃げ出さないよう扉がしっかり閉まるものを選びましょう。また金網の間が広いと簡単に逃げ出してしまうので、チェックしてください。

最初から小動物用でないケージを使用することはおすすめできません。

海外ではケージのサイズや様式が指定されいてる場合もあります。
スイス　　2×2m
アメリカ　1.5×1.5×2m(推奨)　など

コンフォート60＋コンフォート60用タワー(川井)
W62×D47×H86cm

イージーホーム80　ローメッシュ(三晃商会)
W81×D50.5×H66cm

コンフォート80(川井)
W77×D55×H62cm

イージーホーム　ハイメッシュ(三晃商会)
W62×D50.5×H78cm

イージーホーム80　ハイ(三晃商会)
W81×D50.5×H84cm

飼育グッズを選ぼう

Chapter 3 チンチラの住まいづくり

ステップ、ロフト

　ケージの中を動き回るため、または休憩するための場所として、ケージの中にいくつものステップやロフトを設置してあげましょう。

　材質は、金属、木製などがあります。また形も網状、板状、スノコ、トンネル、布製のハンモックなどさまざまです。

　一つのタイプに限ると、足の同じ部分にだけ負担がかかるので、材質、形の違ったものをいろいろ入れてあげましょう。ワラの座布団を板状のステップにくくり付けてあげるのも、足につく感触が違ってよいものです。

　また、ステップの上で横になったりするので、小さめのものではなく、チンチラの体格に合わせた広さのステップを選びましょう。

ハウス

　チンチラが隠れるため、遊びのため、また寒いときに入って暖をとるために、ハウスを入れてあげましょう。長く使うためには陶器製のものもおすすめです。チンチラが入ってくつろげる大きさものを選びます。フラットな屋根のタイプは、屋根の上が休憩場所にもなります。

敷材

　ケージの底や床網に敷材を敷くと、足にも優しくより快適に過ごせます。樹脂製のものやチモシーを編んだもの、また最近では吸水性が高く抜け毛を取り除きやすい、機能性の高い布地でできているものもあります。

ステップ、ロフト　　ハウス　　ベッド　　敷材　　マット

食器

チンチラが動かせる重さだと、ひっくり返したりします。適度な重さがあるものや固定できる構造になっているものを選びます。

また迎えたチンチラがかじらない材質のものを探しましょう。ステンレス製の食器を噛む子もいれば、プラスチック製品を噛む子もいます。強化プラスチック製、陶器製、メラミン製の食器はかじりにくいです。

牧草入れ

ケージに固定でき、牧草をチンチラが取り出しやすいこと、牧草の補充がしやすいこと、牧草が汚れにくいこと、かじられないことをチェックしましょう。

給水ボトル

ケージの外側にボトルを設置し、吸い口だけが内側に入る給水ボトルを選びます。外側であっても、ケージから近いと穴を開けてしまうことがあります。その場合、ボトルにかぶせものをしたり、アルミの板をはさんだりします。ボトルはガラス製がよいでしょう。吸い口はステンレス製のものにしましょう。容量は200ml以上のものが好ましいです。

陶器製食器

強化プラスチック製食器

給水ボトル

牧草入れ

トイレ容器

チンチラは、トイレを覚えない子も多いものですが、きちんとトイレを覚える子もいます。よくする場所にトイレを設置してみましょう。設置してあれば、排泄物の多くをそこでしてくれるようになるかもしれません。

トイレは、ケージの角に設置するようにします。動かしにくく、かじりにくい陶器製がおすすめです。プラスチック製をかじらないチンチラであれば、固定できるプラスチック製のものもよいでしょう。最近では、メラミン製のトイレも登場しています。プラスチックよりも強度があり、陶器よりも扱いやすいです。

トイレにはできたら金網のスノコを敷いて使用しましょう。なぜならチンチラは足周りにも毛が多く、オシッコをするとそのはね返りで後ろ足付近を汚してしまうからです。

ただし、現在発売されているものはうさぎ用のものなので、チンチラにとっては、若干、金網の幅が広すぎ、網の間に足を踏み入れてしまうことが考えられます。設置してすぐの頃は、よく様子を見て気をつけてください。

またスノコがプラスチック製などであるとかじるかもしれません。

このようなことを心配される場合は、金網もスノコも取り付けずに、トイレの床にチップなどを敷いて使用しましょう。

また、プラスチック製などの軽いトイレはケージに固定しないと、チンチラが動かしてしまいます。しかし、その固定のための器具をチンチラが壊してしまうこともあります。固定する器具に、チンチラが届かない設置ができるトイレを選びましょう。

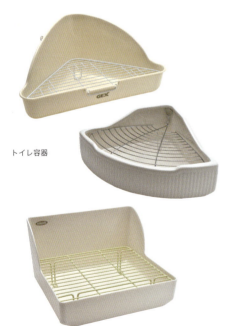

トイレ容器

トイレ覚えなくても
ゆるしてね！

砂浴び容器

砂浴びは、一日1回は行ないたいチンチラにとって大切な飼育の日課です。チンチラの飼育用具を揃える際には、忘れずに砂浴び容器と砂を入手しましょう。

砂浴び容器は、チンチラの身体に対して小さすぎないこと、安全な材質、形であることを考えます。

チンチラの砂浴び容器は、市販されているものもありますし、専用でなくとも食物の保存容器や果実酒を作るための保存瓶を用いることもできます。

材質がプラスチック製のものは、噛んでしまう子でしたら避けるようにしましょう。

果実酒を作るための保存瓶などは、ガラス製なのでかじられることがありません（重く、割れる可能性があるのが難点です）。砂浴びの様子が見え、洗いやすく、昔からよく使われてきました。こうした瓶は立てて使います。使用の注意点としては、チンチラが中に入ることができても、中から出てこられるかどうかよく見極めてあげましょう。

特に育児中の親子に起こりやすいのが、子どもだけが中から出られず、衰弱してしまうという事故です。

また、容器の大きさは、「小さ過ぎず」が基本ですが、大き過ぎればそれだけたくさんの砂が必要になります。なるべく新鮮な砂で砂浴びをさせるため、そして毎回の砂浴びで砂は減っていきますので、砂の交換、補充がしやすいものを選びましょう。

砂

砂浴び用の砂は、できる限り粒子の細かいものがおすすめです。

チンチラの毛は、細く密集して生えているため、砂はその毛の間、さらには皮膚に到達できるほどの細かさでないと、砂浴びの効果が半減します。よく砂浴びが行き届いているチンチラは、毛ぶきもよく毛がフワフワです。

砂浴び容器　　　　　　　　砂

キャリーバッグ

　チンチラが横になれる大きさのものを選びましょう。あまり大き過ぎても、チンチラが中で落ち着くことができません。抱えて持てるくらいの大きさが目安です。

　ただし、長距離移動の場合は、ハウスが入るように大きいほうがよいでしょう。

　金網で囲われているもの、プラスチック製、布製などがあります。布製は温かみもあり、落ち着きますが、蒸れやすく、かじられやすく、またつぶれやすいので移動する際の状況によっては使用に向きません。

　また移動に長い時間かかるようであれば、給水ボトルの用意が必要です。暑さ、寒さへの対応策も考えて移動しましょう。

温湿度計

　チンチラのいる部屋の温度・湿度を一定に保つためにも温湿度計は必要です。また、チンチラのケージはたいてい床に近い場所に置かれていることが多いので、ケージの下のほうに設置しておき、常にチェックできるようにしておくとよいでしょう。ただし、チンチラがいたずらしないように気をつけます。大きいケージの場合には上と下に設置するとよいでしょう。

体重計

　チンチラをプラスチックケースや小型のキャリーなどに入れて、キッチンスケールなどで体重を量ります。食事量を毎回確認することと同様に、体重の増減の確認は大切なことです。かなりの毛で覆われているので、やせたことに気付かないことが多いです。ただし、定期的な健診などで、動物病院でも体重を量ってくれます。

ケージタイプのキャリー

プラスチック製のキャリー

保温剤、保冷剤などの装備ができるキャリーカバー

体重計

温湿度計

アルミボードなど

チンチラの飼育で初夏から初秋までは、基本的にエアコンで室内の温度や湿度を管理しますが、それでも急に温度が上がる、または下がりにくい場合もあります。高いところにも設置できる、快適冷感グッズを用意するとよいでしょう。放熱性のあるアルミボードや大理石ボードなどが小動物用に販売されています。

ヒーターなど

子どもやお年寄り、闘病中には欠かせないものです。また、元気な大人でも真冬の冷え込みのきつい日や朝晩などにはヒーターを入れてあげましょう。ケージの外に置くタイプ、中に置くタイプがあります。チンチラがコードやヒーター本体をかじらないものを選んでください。

また、ボードなどでケージを囲むだけでも、寒さは和らぎます。毛布やフリースなどの布で囲ってもよいのですが、いたずら好きのチンチラがケージの中に引きずり込まないように注意が必要です。

回し車

運動好きなチンチラの気分転換に、回し車をケージに取り付けてあげてもいいでしょう。

ただし回し車に関しては、注意点がいくつかあります。

かじってしまうチンチラには、プラスチック製は避けます。いずれにしてもケージに固定して使うタイプにしましょう。ケージの中の低い位置に固定してください。中でオシッコをする癖がついてしまった場合は外したほうがよいでしょう。

回し車を上手に回せるチンチラもいれば、足を踏み外したり、勢いよく回していて飛ばされてしまったりするチンチラもいます。それぞれのチンチラの遊ぶ様子を普段から確認し、回し車が向いているかどうか見極めましょう。

アルミボードなど

ヒーターなど

足を踏み外したり、回し車を支えている軸や金網で、足や首をはさんでしまう事故がときどき起こります。多頭飼育でこうした事故が起こりやすいので、2匹以上で暮らしている場合は、回し車の設置は慎重にしましょう。

また、成長期や、身体のサイズにあわない回し車で興奮気味に回し続ける場合は鼻をケガしたり、背中や腰を傷めることがあります。できるだけ大きなものを使用しましょう。

ほかのオモチャ

うさぎなどがよく遊ぶ、牧草でできたオモチャはチンチラも喜びます。かじって安心なオモチャは、抱えたり振り回したり、つついたり、楽しそうな様子を見て和むことができるでしょう。

もちろん、そうしたオモチャにまったく興味を持たないチンチラもいます。

気をつけたいのは、布製のオモチャ類です。チンチラの中には、糸を引っ張り出して、その糸が身体に巻き付いてしまったり、中に綿が入っているオモチャは、穴を開けて綿を食べてしまったりすると非常に危険です。

チンチラの遊び方を観察し、与えるオモチャを見極めましょう。

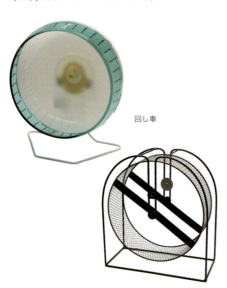

回し車

かじるオモチャ

吊るすオモチャ

ケージのレイアウト

Chapter 3
チンチラの
住まいづくり

安全で退屈させない ケージ環境づくり

　チンチラは上下運動が好きなので、ケージ内にステップやロフト類を設置してあげることが定番です。その際、高さのあるケージ内でただ上へ上へと向かっていけるように間隔を広くステップを配置するのは、危険なのでおすすめできません。まっさかさまに落ちてしまう場所がないか必ず確認しましょう。らせん状にだんだんと登っていき、また降りられるように配置すると、ケージ内を有効的に動くことができ、運動量を多くできます。

　また、動かせるようなものはわざとひっくり返し遊んでしまったりします。動かないようにネジなどでケージに固定するタイプを選びましょう。固定するネジが木製やプラスチックで、本体とケージがぴったりくっついていないと、ネジに興味を持ってかじり、壊してしまうこともよくありますから注意してください。

　チンチラが暮らし始めたら、危険な場所はないか、移動しにくそうな場所はないかなどをよく観察し、そのつどレイアウトを見直し、安全で楽しい環境づくりをしてあげましょう。

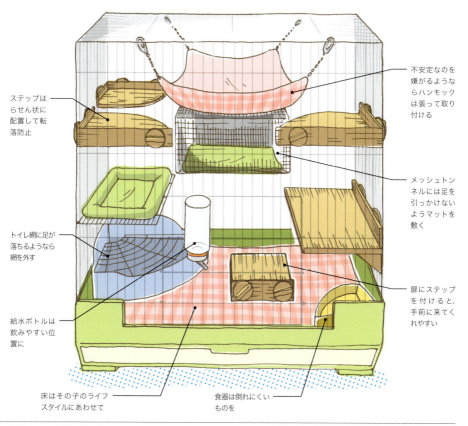

- ステップはらせん状に配置して転落防止
- トイレ網に足が落ちるようなら網を外す
- 給水ボトルは飲みやすい位置に
- 床はその子のライフスタイルにあわせて
- 食器は倒れにくいものを
- 不安定なのを嫌がるようならハンモックは張って取り付ける
- メッシュトンネルには足を引っかけないようマットを敷く
- 扉にステップを付けると、手前に来てくれやすい

チンチラに適した飼育環境

ケージの置き場所

　ケージは、チンチラにとって心身ともに落ち着ける場所に置いてあげましょう。窓ぎわやドアのそば、部屋の角の隅などはケージの設置に向かない場所です。

　窓ぎわは、窓から差し込む直射日光があたったり、冷気が入り込みやすかったり、気候に左右されやすい場所です。

　ドアのそばは、ドアの開け閉めのたびにびっくりしてしまうなど、チンチラが落ち着いて過ごすことができません。また、ドアの開け閉めでケージに風が吹き込み、閉めておいても隙間風が入りやすいのです。

　また、インテリア上、見た目に落ち着くので、ケージを部屋の角の隅に置いてしまうことも多いようですが、日あたりや風通しが悪いことが多く、ケージの中に不快な湿気がこもりやすいです。よい風通しとは、風がびゅうびゅう通り抜けるという意味ではなく、空気が循環しているかどうかということです。

　空気が循環しない場所にケージを置くと、空気が淀み、ホコリもたまりやすくなります。風通しの悪い部屋であれば、サーキュレーターなどで、空気を循環させましょう。

　いずれにしても、隅っこのコーナーやデッドスペースなどに、ケージを押し込めないようにしてください。

　チンチラのケージは大きさがあるので、

安全面で考えると、床に置いたほうがよいのですが、床に近い場所は底冷えがしたり、空気の循環が悪いことがあります。10〜20cmくらいの少しの高さでよいので、台を置いてそこに乗せてあげるとよいでしょう。キャスターがつくタイプであれば、キャスター分の高さでも構いません。

　チンチラのいる部屋にエアコンは必須ですが、エアコンの風が直接あたる場所にケージを置かないようにしましょう。扇風機の風も同じです。

　チンチラは夜行性なので、ある程度の気遣いは必要ですが、だからといって、昼間の時間帯にひそひそ声で静かにしていないといけない、というものでもありません。

　飼い主が昼間家にいて、夜になれば暗

くしてすぐに寝てしまうという家であれば、チンチラは飼い主に遊んでほしいので、少しずつ飼い主に生活時間をあわせるようになります。

よくないのは、飼い主の生活パターンがあまりにもバラバラである場合です。今日は夜通し起きて明るくしていて、次の日は一日中留守をして、部屋の中は真っ暗である、など不規則な生活がずっと続くと、チンチラはいつ食べていいのか、いつ寝ていいのかが分からなくなってしまいます。仕事の都合などもあるかもしれませんが、一時的に生活サイクルがバラバラになる場合は、チンチラの反応をよく観察して、常に少しライトをつけておく、カーテンを少し開けておくなど、対応してあげましょう。

チンチラは家族の一員です。ケージを置く場所は、環境も大事ですが、家族とコミュニケーションをとりやすいことを考えて、設置したいものです。

そういう意味でも、外でチンチラを飼うべきではありません。静かな場所、掃除のしやすいことばかりを考えて、ケージを玄関や廊下、風呂場などに置こうとすることも絶対にやめましょう。

ワンルームなどで、キッチンの近くにケージを置くこともあるかもしれません。人がそばにいるというのはいいことですが、コンロの使用時に熱くなったり、湿気が多かったり、電子レンジの音、水はねなど水音がうるさいこともあるので、よく考えて場所を選びましょう。

また、電話やテレビ、電磁波があって音のする電化製品などのすぐ隣にケージを置くと、チンチラが落ち着けません。家族の輪の中で、チンチラがくつろげる空間を探してあげましょう。

温度管理・湿度管理

乾燥していて涼しい環境を

　チンチラは野生では、気温は過酷なときには氷点下、湿度は0%といった環境で暮らしていました。ただ、現在、流通しているチンチラは、野生時代とは違い、氷点下の環境で生まれ育ったわけではありません。

　それでも、チンチラは、基本的に乾燥していて涼しいところが好きな動物です。

　気温の上がる日には、4月くらいからエアコンを使い始め、5〜10月の間は、エアコンで温度・湿度を調整します。もしも、エアコンに抵抗があるようでしたら、チンチラと暮らすことは難しいでしょう。

温度の変化に注意

　夏場はチンチラのいる部屋を20〜25度にします。チンチラにとって、26度以上は辛い状況です。エアコンを使い、一定の温度を保ってあげてください。一日のうちで設定をコロコロ変えたり、また日によって変えたり、といった設定温度の変更はあまりよくありません。

　たとえばチンチラのいる部屋に、外から帰ってきた人が「暑いから」「寒いから」といって、設定温度を変えたりすると、たとえそれが一時のことであっても、また、適正な温度の範囲内であっても、チンチラの体調を崩す原因になりかねません。

　チンチラはそう簡単に気温と湿度の変化に対応できません。変化があれば、設定温度はそのままに、人のほうが服を一枚脱ぐ、あるいは着る、といった調整をするようにしましょう。

　また、人が一度に2、3人帰ってくると、室内の気温や湿度が変化することがあります。日あたりのよい部屋、気密性の高い部屋など、部屋によってもエアコンの効き具合が違います。温湿度計のチェックはこまめに行ないましょう。

エアコン掃除

　チンチラのいる部屋では、毛と砂が舞う

ので、エアコンのフィルターの目詰まりやカビの発生が起こりやすく、こまめな掃除が必要です。エアコンの外側に使い捨てのフィルターを付けることもよいでしょう。年に1〜2度はプロによるエアコンクリーニングをおすすめします。

停電や故障によってエアコンが止まってしまうことも考えられるので、エアコンをつけていても、冷感グッズをケージの中に入れておくことを忘れずにしましょう。万が一のときのため、冷凍庫に2ℓのペットボトルを凍らせておくとよいです。

冬の対策

冬の寒さ対策としては、常に暖めておく必要はありませんが、幼齢、高齢のチンチラや、迎えた時期が真冬である場合、厳寒期の夜や朝方などには小動物用のヒーターを入れてあげるほうがよいでしょう。

また、季節の移り変わりでだんだんに寒くなっていく分には問題ないのですが、人がいる間と留守にしている間との温度差が大きくなる場合はチンチラにはこたえます。ケージの中にヒーターを入れて調整するか、通年エアコンを使用し部屋を一定の温度に保てるようにしましょう。そして、ヒーターの暖気から逃れられる場所もケージ内に必ずつくってください。ヒーターの効きすぎで体調を崩すチンチラも多くいます。

特に冬場は底冷え、隙間風、寒暖の差で体調を崩します。ケージをプラスチックのボードなどで囲うなどの対策をしたり、ケージを床にじかに置かずに、敷物を敷いてあげたりして防ぎましょう。

湿度は40%以下に

チンチラはあのすばらしい被毛をもつがゆえに湿気に非常に弱いものです。1年を通じて、湿気対策が必要です。体調を崩すだけでなく、蒸れることによる皮膚病にもかかりやすくなります。

エアコンや除湿器を使って、湿度は40%以下を目指したいものです。どうしても下げられない場合は、室温を1〜2度下げます。ほかの季節より砂浴びの回数を増やしてあげましょう。

また、湿気は外気によるものばかりでなく、ケージ内のオシッコの放置によっても上がります。ケージの中はいつも清潔に、床材や牧草が濡れているようなら、すぐに取り替えるなどの気遣いが必要でしょう。

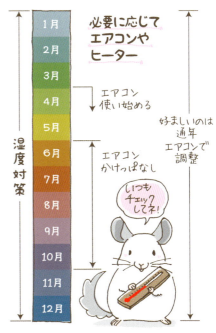

現在の日本の気温は年や地域によってバラつきがあります。

部屋で遊ばせる場合の安全対策

チンチラ目線で考えよう

チンチラが新しい環境と飼い主に十分に慣れてきたら、ケージの外に出して「へやんぽ」をさせてあげましょう。広い場所で走り回ることはチンチラの好きな活動でもあり、ストレス解消にもなります。飼い主もその可愛い様子をより身近に感じることができます。

ただし、ケージの外は、チンチラにとって危険なものがたくさんあり、飼い主にとって困ることもたくさん起こります。起こりやすい事故や危険を知って、安全に遊べる環境を整えてから、「へやんぽ」を始めましょう。

チンチラの行動からみた安全対策

チンチラを部屋に出すと、まずは、物陰など下へ入っていこうとします。行ってはいけないところへは、サークルで仕切る、隙間には詰めものを詰めてふさぐような対策をします。ところがチンチラは、3cmほどの隙間なら、通り抜けてしまいます。柵の幅の狭いものを選びましょう。

下側の探索が終わると、チンチラは次に上を目指します。サークルで囲んでいても、チンチラは行きたいと思えば、ジャンプし、よじ登って上を目指すので、目を離すことはできません。三角跳びという、それはもう誰もが感嘆するアクロバティックなワザも披露してくれることでしょう。

そしてまた、意外なほどにおっちょこちょいです。上まで登れたのだから降りることもできるだろう、と思っていると真っ逆さまに落ちて

きたりします。また、突然の物音に驚いて足を踏み外すこともあります。上に登ったままくつろいでしまい、そのまま眠ってしまうこともよくあります。飼い主が目を離すとすぐに行方不明になるのです。

チンチラはまっすぐに走ることも大好きです。勢いよく走ってものにぶつかることもよくあります。台のようなものがあれば、そこへすぐに乗ろうとするので、不安定な状態のまま置かれている箱などに要注意です。水槽に飛び乗ろうとしてふたがはずれ、ダイブしたり、トイレや風呂槽に落ちてしまったチンチラもいます。床置きの暖房器具も危険です。またカーテンのひだの中に入り込んで、飼い主が知らずに窓を開け、外へ逃げてしまった、ということもあります。

毒性のある観葉植物や薬品、化粧品を片づけておくことはいうまでもありません。チンチラは、とにかく好奇心旺盛で、なんにでも興味をもって、ちょっとためしに鼻を近づけてみる、口をつけてみる、手でグシャグシャに

してみることを躊躇なくやってみるのです。両手で持てるサイズの小物や食べ物、サプリメントの箱などもすぐに持ち去ってしまいます。命に関わる事故も多いので、「へやんぽ」の前は必ずものを片づける習慣をもちましょう。

ケージへの戻し方

「へやんぽ」で一番困ることは、チンチラをケージに戻せるのかという問題です。

もちろんケージの扉を開けておけば、自分でも出て行きますが、「へやんぽ」をケージのある部屋ではなく、廊下など別の場所で行なう場合、チンチラを抱いてそこまで連れていかなければなりません。家に迎えたばかりで、チンチラも慣れていない状況では、ただでさえ抱っこが苦手なので、飼い主の腕の中で暴れてしまうことがよくあります。そして、こうしたことは、その後チンチラにも飼い主にもトラウマとなり、お互いに不信感を抱き、ふれあうことができなくなってしまうのです。

「へやんぽ」はチンチラが新しい環境と毎日の飼い主のお世話に慣れ、ケージコミュニケーションが取れるようになってから開始するようにしても、決して遅くはありません。

ケージの中で飼い主が呼んだらやってくる、なでることができる、エサを持っていれば手元にやってくる、などのコミュニケーションができてからでないと、ケージの外にチンチラを出すことは危険なのです。

また、どんなに慣れていてもチンチラは遊ぶことに夢中になると、ケージに戻ってこなくなります。「へやんぽ」を行うのは、食事や砂浴びの前がおすすめです。

ケージに戻すときは食事を食器に入れて、チンチラがケージに入るのを促します。あるいは砂浴び用のボックスをチンチラのそばに置いて、ボックスに入ったら、そのままケージに戻す、といった方法が安全です。キャリーバッグに食べ物を入れて、チンチラを誘ってもよいでしょう。

※へやんぽ＝ケージの外に出てお部屋で遊ぶこと

チンチラの「いたずら」対策

チンチラはとてもいたずら好きで、やんちゃです。そんなチンチラにとって人間のお部屋は非常に魅力的です。ケージから飛び出して自由に遊ぶ「へやんぽ」には相当な気配りが必要でしょう。

チンチラは、飼い主のお気に入りのものや入ってほしくないところばかりを狙って遊ぼう遊ぼうとします。特に大事なものは絶対にしまっておきましょう。チンチラは、自分の力で持てる範囲のものは、書類でも本でもアクセサリーでも薬でも、器用に前足で持ち、飼い主の見ていないすきに持ち去ってしまいます。飼い主の見えない場所に、または飼い主の手の届かないところにまで持っていって、隠れていたずらを始めるのです。

普段何気なく置いてある観葉植物にも花瓶の花にも興味を持ちます。花や葉を食べてしまったり、ボロボロにしたり、しまいには花瓶自体も倒してしまいます。「見つかった!」と気づくとわざと蹴って逃げ、花瓶自体が割れてしまったり、チンチラに水がかかってしまうこともあるので置き場所には十分に注意が必要です。

また、電気のコードはチンチラには歯ごたえがたまらないようです。ところが、これは非常に危険な遊びです。噛んでいるうちに発火したり、感電することもあります。コードには、スパイラルチューブやコルゲートチューブ、コンセントカバーといったコードを守るものを付けましょう。ただし、チューブ自体を噛むこともありますので、コードを敷物の下に通す、サークルなどを使って近づけないようにするなどの対策をしましょう。

壁紙や家具のコーナーも大好きな場所です。壁紙や家具によっては、好ましくない接着剤が使用されていたりしますので、猫用のツメトギ防止フィルムやL字型のコーナーガードなどで防御しましょう。

また、チンチラは脱走の名人でもあります。3cmほどの隙間もすり抜けてしまうので、部屋のドアや窓が閉まっていることをよく確認して、ケージから出すようにしましょう。

つまり、チンチラは、「へやんぽ」中、決して目を離せない動物なのです。

ほかの動物とチンチラ

チンチラは、他種動物に対して、比較的フレンドリーなことが多いです。しかし、普段どんなに仲良く、あるいはお互いに無関心でいたとしても、飼い主がいなくなれば、なにが起こるかわかりません。飼い主のいない場所で、チンチラとほかの動物を放しておくのは絶対にやめましょう。

掃除・衛生管理

「へやんぽ」中に、便意や尿意を催してケージに帰る子やトイレに駆け込む子もいますが、たいていのチンチラはそこここに排泄物を落とします。なわばりのためにわざとやっている場合もあるので、「へやんぽ」中は非常に気になる部分だけを掃除し、「へやんぽ」が終わり次第すぐに片づけましょう。

また、いつでも砂浴びができるようにしていると、「へやんぽ」前や「へやんぽ」中にも砂浴びをすることがあります、そうなると、その砂を身体中につけたまま走り回りますので、部屋中に舞い散ることがあるかもしれません。テレビやパソコン、プリンターなど精密電子機器に砂が入り込むと故障の原因になりますので、使わないとき、見ないときはカバーをかけて、できる限り電子機器への砂の侵入を防ぎましょう。

チンチラの安全な「へやんぽ」は、どれだけ常に部屋を整理し、掃除しているかにもかかっているでしょう。いつもなにがどこにあるかを把握していれば、危機意識は高まります。起こってからでは遅い「へやんぽ」中の事故を防ぐためにも、お部屋の整理整頓、お掃除はこまめに行ないましょう。

新しいスタイル、チンチラとハンモック

● 日本にも登場した
　チンチラ用ハンモック

「齧歯目は、歯が命。なんでも噛みます！　壊します！」それがキャッチコピーのようなもの。そのため、布ものは厳禁のようなイメージがあります。ところが、欧米では、チンチラやラット用にハンモックが販売されており、当たり前のようにケージにはハンモックが設置されています。そして、そこには気持ちよく眠っている姿が……。

日本で初めて販売されたチンチラ用ハンモックは、チンチラの生態や日本におけるチンチラの行動の傾向を徹底的に検証し、かじりたい欲求を抑えつつ、かじられない縫製やチンチラが好む生地を研究した結果、できる限り安全に、できる限り快適に、できる限りリラックスできて、できる限りケージを明るく楽しくおしゃれにしてくれるものを目指し、製作されました。その誕生によって、日本全国でチンチラにハンモックを使用する飼い主さんがまたたく間に急増しました。そして、ハンモックを製作する人、自作する人、ほかの動物用のハンモックをチンチラに使用する人など、さまざまな形でハンモックが人気となりました。

● ハンモックを通じて感じる
　うちの子の性格

それでも、噛む子は噛みますし、壊してしまう子もいます。それは、なにがなんでも布ものをかじるという強い意志があったかもしれませんし、縫製が噛みやすいものもあったでしょう。たとえ縫製がしっかりしていてもが退屈がすぎてしまっての八つ当たりであった場合もあったかもしれません。それでも、ハンモックを通して、自分のチンチラがどういう性格の持ち主なのかを改めて体感した飼い主さんも多かったのです。

チンチラは自分が居心地がよいと思う場所を思っていたより大切にします。「もう一緒に暮らして何年も経つのに、こんな寝顔は初めて見た」。そんな感動をたくさんの飼い主さんに与えたハンモックの存在は、日本におけるチンチラ飼育の未来にたくさんの可能性をつくり出しました。

それでも、すべてのチンチラさんに向いているわけではありません。飼い主さんの管理の元で、使用するかどうかを判断していきましょう。

2015年6月14日に誕生。日本初のチンチラ用ハンモックブランド「Margaret Hammock（マーガレットハンモック）」

PERFECT PET OWNER'S GUIDES

Chapter 4

チンチラの食事

チンチラに必要な食事とは

Chapter 4
チンチラの食事

食事を考える際に注意すべきこと

　チンチラの主食は牧草です。牧草のほかにペレット（牧草が主成分の固形のフード）を適量与えることが、チンチラの毎日の食事になります。

　チンチラにとって、牧草がメインディッシュであるとしたら、ペレットはサイドメニューである、という感覚でチンチラの食事をとらえましょう。ペレットだけでお腹をいっぱいにさせてはいけません。9割を牧草に、1割をペレットにすることが食事の基本です。どちらも新鮮で質のよい、チンチラに適したものを選んであげましょう。

　牧草については小動物用、ペレットはチンチラ専用のものが入手できます。

　少し前の日本ではチンチラ専用のペレットがなかったり、入手が難しかったりしました。その頃は、うさぎのペレットを代用することが多かったのですが、現在ではチンチラ専用のペレットは選べるほどに増えました。なにか理由がない限り、チンチラ専用のペレットをあげましょう。

　基本的にそれ以外の食べ物は必要ありません。コミュニケーションツールとして少量のトリーツは有効かもしれませんが、味の濃いものを多く与え続けてしまうと、主食の牧草を食べなくなってしまうのです。

　野生のチンチラはとても粗食です。少しの食べ物から、たくさんの栄養を引き出し、吸収します。人と暮らすチンチラにとって甘くて高カロリーの副食による栄養の摂りすぎは、ただの肥満にとどまらず、内臓や身体に負担をかけます。もちろん腸内環境も乱してしまいます。主食以外の食べ物の摂りすぎにはくれぐれも注意しましょう。

　また、チンチラは水を摂らない動物だという間違った情報で飼育している方もいましたが、チンチラには必ず水が必要です。新鮮なお水をいつでも飲めるようにしてあげましょう。

チンチラは粗食の草食動物

チンチラは草食動物です。その字が表すように草を食べて生きる動物です。では、なぜ草の栄養が動物の筋肉になり、活発に動くことのできるエネルギーになるのでしょうか。草がどのように身体に摂り込まれるのかを簡単に説明してみましょう。

チンチラをはじめ、草食動物の腸にはたくさんの微生物（腸内細菌）が存在します。この微生物たちが口や胃などの消化器で細かくされた草を摂り込み、筋肉やエネルギーを生み出す栄養に変えてくれているのです。

微生物は草を摂り込むことで、活性化します。元気な微生物がたくさんいる腸内環境は安定し、健康維持につながります。

また、微生物そのものも消化吸収されます。草食動物にとって、微生物は動物性の栄養源にもなってくれるのです。

さて、野生のチンチラは、標高の高い山地の岩場で暮らしています。枯れ草や枯れ木などを食べることも多いでしょう。機会があれば緑の草や木の実など栄養価の高いものが口に入ることもあるかもしれませんが、食事内容が質素なときも腸内の微生物がおおいに働き、チンチラの健康を維持する栄養を生成しているのです。

人と暮らすチンチラの場合、毎日、飼い主が用意する食べ物を食べることになります。野生のチンチラがいる環境下ではあまり出会うことのない、甘みや脂質の強いものを与えすぎてしまうと、微生物が弱ったり、死んだりして、数が減ってしまいます。すると、腸内環境が不安定になり、草食動物のよい消化のサイクルが崩れてしまいます。チンチラが草食動物であることを理解して、食事を用意してあげましょう。

また、チンチラは自分で排泄したフンを食べる食フンを行ないます。未消化の栄養が残っている「盲腸便」というもので、もう一度とりこむことでしっかりと栄養を吸収しています。

まずはこれ・チンチラの食事

用意するもの
- ☐ 牧草
- ☐ チンチラ専用ペレット
- ☐ 水

食事のポイント
- ☐ 粗食の草食動物だということ
- ☐ 主食は牧草
- ☐ ペレットは栄養強化の副食として
- ☐ 野菜もメニューのひとつに
- ☐ トリーツの与えすぎには注意
- ☐ 水はいつでも飲めるようにしておく
- ☐ 年齢に応じた食生活を（子ども、高齢）

牧草

トリーツ　　　　　　ペレット

チンチラのメインディッシュ：牧草

Chapter 4 チンチラの食事

牧草を与える必要性

チンチラは草食動物なので、草を中心にした食事を摂ることはわかって頂けたと思います。次にチンチラの主食をなぜ牧草にするのか、牧草の必要性を説明していきましょう。

歯のために

チンチラの歯は、生まれてからすべての歯がずっと伸び続けます。これを常生歯と呼びます。歯を上手に利用することによって伸び過ぎを防いでいます。もし歯、特に臼歯（奥歯）が伸び過ぎると不正咬合などの歯のトラブルが起こり、満足に食事ができなくなってしまいます。特に臼歯に関しては、牧草を食べることによってだけ摩耗されるため、牧草を食べることは非常に重要なことなのです。

主食をペレットにして、牧草はときどき、または一日おき、ではだめなのです。ペレットを噛んでもほとんど歯は削れません。子どもの頃や若いうちは問題が出なくても、大人になってから、歯のトラブルが表れるようになるでしょう。

歯を削るには、かじり木や噛むためのオモチャを与えたらいいのでは、と思われるかもしれませんが、かじり木などは切歯（前歯）を削っても食べ物を噛み砕くための肝心の臼歯を削ってくれません。臼歯は、牧草をすりつぶすように噛んでこそ、きちんと削れるのです。

腸のために

牧草はチンチラの腸内環境を保つためにも欠かせません。牧草の繊維質が腸の働きを活発にし、消化吸収を助けます。腸の中の微生物も棲み心地よく、元気に働いてくれます。

牧草の種類

牧草には、次のような種類があります。

● チモシー（イネ科）：
茎が硬く、繊維質が高くてタンパク質が低めのため、主食牧草としておすすめです。小動物用として一般に多く流通していて、入手も容易でしょう。

秋が収穫シーズンですが、刈る順番によって、一番刈り、二番刈り、三番刈りといった種類があり、硬さ、繊維質の量や味などが違います。

一番刈りが収穫シーズンの最初に刈られるもので、後になって刈られるものよりも繊維質が豊富です。二番刈りは栄養価

が少し下がり、茎なども柔らかめになります。三番刈りはとても柔らかく、寝床として使うのもよいでしょう。歯のトラブルをもつチンチラが食べるのにも適しています。

● アルファルファ(マメ科)：
高タンパク、高カルシウムで栄養価の高い牧草です。味が濃いので、動物に好まれることが多いです。主食には向きませんが、成長期や妊娠期の栄養補助として、またはトリーツとして与えることができます。

● オーチャードグラス(イネ科)：
和名をカモガヤといい、雑草としてあちこちに生えています。チモシーよりも柔らかく、歯のトラブルをもつチンチラが食べるのにも適しています。

● バミューダグラス(イネ科)：
和名をギョウギシバといい、芝生としても用いられています。細くて柔らかく、寝床として使うのもよいでしょう。ダイエット中や歯のトラブルをもつチンチラが食べるのにも適しています。

● 麦の仲間(イネ科)：
イネ科の牧草には、大麦やオーツヘイ(えん麦)などの麦の仲間もあります。

歯の伸びすぎ予防、腸の活性化のために、牧草をたくさん食べてもらいたいので、太り過ぎを心配しないですむ硬めで低栄養、高繊維のチモシーがチンチラの主食におすすめです。

ちなみに標準的なチモシーの成分は、以下の通りです。

● 粗タンパク　　　　7.5〜9.5%
● 粗脂肪　　　　　　2.0〜3.0%
● 粗繊維　　　　　　28〜35%
● 総繊維　　　　　　52〜68%
● リン　　　　　　　0.22〜0.28%
● カルシウム　　　　0.35〜0.55%

牧草の与え方

チンチラは、草に対する適応力があり、どんな牧草でも喜んで食べるのですが、一つの牧草だけを続けて与えていると、飽きやすいところがあります。そうすると牧草自体を好まなくなることもあるので、長く牧草好きでいてもらうコツとして、ときどき牧草を変えてあげるとよいでしょう。

同じチモシーでも産地や刈り取り時期、保管方法で味が変わるので、入手するお店を変えたり、メーカーを変えたりするだけでも、牧草を食べる量が増えることがあります。また入手が可能ならば、前述のいろいろな牧草を、混ぜたりするとよいでしょう。

チンチラは、牧草がケージの中に長く置いてあると、まだ食べられる状態であっても、食べなくなります。自分で踏んでしまっただけでも、食べないことのほうが多いです。

牧草は、一日のうちに数回、食べきったらその分を足すという与え方がよいのですが、飼い主の都合がつかなければ、牧草一つかみの分量を二つに分け、朝と晩に与えるようにしましょう。食べる量には個体差があるので、食べきれているかを確認し、食べきっていれば少し増やすなど、チンチラにあった量を探してあげてください。多く残すようでしたら、ペレットの与える量も考え直してみましょう。

牧草を食べるおおよその目安としては1ヵ月に1kgを目指したいものです。

少しでもオシッコがかかった牧草は、取り替えてあげましょう。

牧草の選び方

質のよい牧草を入手するには、まず信頼できるお店を探しましょう。商品の回転がよく、牧草を日向に陳列していないこと、お店の人が牧草についての知識をもっていることが大切です。牧草選びの相談をしてみるとよいでしょう。

また、牧草が短くカットしてあると、切断面から栄養素が抜けやすいので、いつカットされたのかを聞いてみましょう。できるだけ長い牧草のほうが鮮度が保てます。

粉はどんな牧草にも出やすいですが、あまりにも細かな葉の屑が多いと、牧草の袋の取り扱いが乱暴だったり、古かったりしますので、よく見て確かめてみましょう。

牧草の保存

牧草は、開封前も開封後も日があたらず、湿気のない、涼しい場所で保管しましょう。電気の光でも劣化するので、箱や引き出しに収納するほうがよいです。

牧草を大量に買って、袋の開け閉めを頻繁に行っていると、空気や湿気が入りこみます。時期によっては虫がわいたり、カビも生えやすく劣化しやすくなります。鮮度が失われ、香りも飛んでしまうので、500gほどを袋に入れ替えて使っていくようにし、残りは密閉できる箱や袋に、乾燥剤と一緒に入れて保管しましょう。

または、500g前後で袋詰めされているものを入手して使いましょう。

牧草の種類

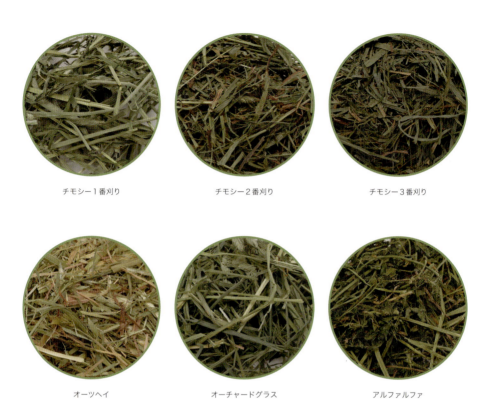

チモシー1番刈り　　チモシー2番刈り　　チモシー3番刈り

オーツヘイ　　オーチャードグラス　　アルファルファ

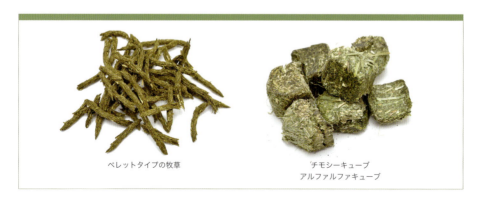

ペレットタイプの牧草　　チモシーキューブ／アルファルファキューブ

チンチラのサイドメニュー

Chapter 4
チンチラの**食事**

ペレットを与える必要性

　草食動物であるチンチラの食事に、牧草だけでなく、なぜペレットが必要なのでしょうか。まずは、ペレットを与える必要性から話を始めてみましょう。

　野生のチンチラは過酷な環境で、とても粗食に暮らしていますが、前述したように腸内の微生物のおかげで、粗食であっても必要な栄養は足り、元気に暮らすことができます。本能的に自分で必要な栄養素を摂取していたからです。

　それでは、人と暮らすチンチラの場合はどうでしょうか。

　彼らは、食事も安全も保証されています。しかし、自然の中にいたときにはなかったストレスを少なからずかかえるようになっています。腸内にたくさんいたはずの微生物は、そうしたストレスによって減っていき、微生物によって生み出される栄養も減っているのではないかと考えられます。

　そこで、最低限の栄養を保証するために、栄養を強化したペレットを少量与えることが必要です。

　また、主食の牧草で一番主流のチモシーは、実は年間を通してその質が一定ではありません。チモシーの質の不安定さを補うためにもペレットの役割があるといえます。

　どんな状況下でも最低限の保障された栄養を摂取できるもの、それがペレットです。

与える量

　ペレットを与える一日の量は、体重の1～5%です。その子によって、ペレットの栄養の吸収率が違いますので、やみくもに決めつけず、肉付きや毛づやなどの見た目、体重の増減をよく見てその量を決めましょう。平均して10～15gです。本人の体格、運動量、ペレットの種類によって多少の増減はあります。

　もともとチンチラの食事量は少ないこと、昼間は寝ていることが多い事情を考えると、ペレットは夜だけあげるか、一日2回の場合、ペレットの量を朝は少なくし、夜に多めにしてもよいでしょう。食べきったかどうかを食欲の目安にすることができます。どちらにしても食べきれるか少し足りないくらいの量にして、牧草だけは朝も夜も欠かさないようにしましょう。

ペレットの選び方

ペレットは、チンチラ専用のものを入手しましょう。また、ペレットのほかに乾燥させたフルーツや木の実などが一緒に同封されている製品がありますが、ペレットの中からフルーツや木の実だけをより好んで食べてしまい、ペレットを食べなくなってしまいます。ペレットだけが入っている製品を選びましょう。

チンチラがペレットを噛んだときに、一回で噛み切れるくらいのほぐれやすさのものがよいでしょう。半分噛み切って、半分捨ててしまうといったこともします。器に残している場合はよいのですが、床に捨ててしまっているときは、こちらが想定しているより食べていない場合があります。

事前に購入するペレットの評価や評判を確認するか、信用できるお店でスタッフから話を聞いてみましょう。

実際に与え始めたら、チンチラが食べない、または食べにくそうであるかどうかを見きわめ、毛づや、肉付きの変化もよく見ましょう。食べる＝いいフード、食べない＝悪いフード、とは限りません。その背景にはいろいろな原因も考えられます。

流通時や店頭での保存状態によってはペレットが劣化することもあります。日向に陳列しているペレットは避け、また、同じメーカーのものでも長い期間売れずに残っているものもやめておきましょう。回転の早いお店を選びましょう。

購入したら、家の中でも光にあたらないようにし、冷暗所で保管します。少量ずつ袋に入ったペレットを選ぶか、数日で食べきれる量を自分で小分けにして、密封し保存するとより鮮度が保てます。どうしても量を保存しなければならないときは冷蔵庫に保存しておくと持ちがよくなります。

ペレットの種類

プロフェッショナルチンチラフード
(brityn)

チンチラセレクションプロ
(イースター)

チンチラデラックス
(OXBOW)

チンチラプラス
ダイエットメンテナンス（三晃商会）

プレミアムチンチラフード (Mazuri)
※2016年10月現在、国内で小分けして販売する形態が主なため、販売店によってパッケージが異なる場合があります

チンチラフード (brisky)

チンチラフード（エクセル）

チンチラのトリーツ

Chapter 4 チンチラの食事

トリーツを与える目的

　チンチラは、食べることが大好きなので、食べ物を上手に用いてチンチラとコミュニケーションをとると、とても仲良くなれます。

　トリーツもコミュニケーションツールとしておおいに活用しましょう。

　ただし、トリーツと聞いて甘いお菓子を想像してはいけません。トリーツといっても特別なものではなく、お気に入りの牧草などをトリーツにしても、チンチラはとても喜びますし、ペレットをトリーツとしてとらえて、主食の牧草の合間に手から与えている飼い主もいます。また、サプリメントをトリーツにしている飼い主もいることでしょう。身体にあったよいサプリメントでしたら、一石二鳥です。

　人間の子どもは一度にたくさん食べられないので、おやつを摂ることは食事と食事の間の栄養補給、またはお腹がすくので食べるものですが、チンチラにとってのトリーツは栄養のためでも空腹を満たすためでもありません。

　チンチラにトリーツをあげるのは、「へやんぽ」の終了時に好きなトリーツでケージに戻ってもらうといった誘導、または褒めてあげたいときのご褒美、チンチラとのふれあいタイムでチンチラと楽しみを共有するためなどで、あくまで、チンチラと飼い主が仲良くなるために与えるものなのです。ただし、食欲廃絶時にトリーツをきっかけに少しずつ食べてくれるようになることもあります。

　喜んで食べる様子が可愛いからとたくさんあげてしまうと、トリーツでお腹がいっぱいになり、牧草やペレットを食べなくなってしまいます。トリーツのあげすぎにはくれぐれも注意しましょう。

トリーツの選び方

チンチラには、乾燥させた野菜やハーブ、野草など自然の素材を加工しないでつくられているトリーツを選ぶといいでしょう。ミックスタイプのものはチンチラがなにを食べているのかを把握しづらいので、単体で袋詰めされているものが適しています。成分を必ず確認します。小動物用でも砂糖や小麦粉ばかりのものもあります。

クッキータイプのもの、コーンやナッツなどの木の実などは脂質が高すぎるので不向きです。ドライフルーツなどは、砂糖やオイルでコーティングされていないものを選び、あげるなら少量にしてください。

なお、人間の食べるお菓子やパンなどは絶対にあげてはいけません。チョコレートには中毒物質が含まれているので、チンチラが口に入れないように気をつけてください。

ハーブ・野草・野菜系トリーツ

タンポポやアザミなどのハーブ

ブロッコリーの葉　　びわの葉

フルーツ系トリーツ

クコの実

パパイヤ　　リンゴ

食べさせてはいけない野菜

食べさせていけない野菜には、長ネギ、玉ネギ、アボガド、ニラ、ニンニク、ホウレンソウ、ナス、ジャガイモの芽の部分、生の豆類などがあります。またモモの種などもよくありません。うっかり食べてしまわないように気をつけてください。

タマネギ　　アボカド　　ジャガイモの芽

もっと知りたいチンチラの食事情報

Chapter 4 チンチラの食事

飲み水

　チンチラは水をたくさん飲みません。しかし、水は必要不可欠なものです。水を飲めない状況では食事もできなくなりますし、体調も崩します。いつでも新鮮な水が飲めるようにしてあげましょう。

　日本では、浄水場の設備が整っているので、チンチラに水道水をあげても問題ありません。ただし、その水がおいしいかおいしくないかは、お住まいになっている地域によって、違いがあるでしょう。

　最近では、小動物用の水がペットショップなどで出回るようになってきました。

　チンチラは食事量も少なく、水も少量をしっかり吸収します。そこで、水に関しては、小動物用の水を購入して飲ませてみるという考え方もあるかと思います。

　浄水器でつくったお水を与えるのもよいのですが、殺菌され過ぎていて腐りやすいということが欠点です。

　また、人間用のミネラルウォーターについては、その成分をよく確認してください。チンチラはうさぎほどには、カルシウムの蓄積による害について心配はないのですが、小動物用に生成された水ではないので、成分の確認が必要です。

　チンチラには、ボトルタイプの給水器を使うことが多いでしょう。チンチラは、水を飲むときに、ボトルの吸い口から唾液や食べかすなどの飲み戻しをすることがあります。見た目にはきれいでも、チンチラが水を飲むことで汚れてしまいますので、一日に1回はボトルの水を捨ててボトルをよく洗い、汚れが残らないようにしましょう。

低カル ピュアウォーター（三晃商会）　　チンチラのみず（アペックス）

水と生野菜

　本来、生の野菜はチンチラにとって食べ慣れないものなので、なにか理由がない限り、生野菜中心の食生活は好ましくありません。

　ペットショップが適切な管理をしていなくて、水や牧草の代わりに生野菜や果物を食べさせていたことで、仕方なく野菜から栄養を摂っていた場合もあります。お家に迎えたチンチラが野菜をたくさん食べるとしても、牧草をたくさん食べさせるようにしましょう。

　ただし、食欲不振時に野菜や果物だけどうにか食べて乗り切れた子もいますので、適切なものを適量、与えるのは悪いことではありません。

子どもの食事

　子ども時代はとにかくよく食べさせることが大事で、生後6ヵ月までは、成長を見ながらあまり執拗に制限せずに食事を摂らせてあげます。

　チンチラの離乳は、早くて生後1ヵ月半といわれているので、2ヵ月程でペットショップの店頭に並ぶことがあります。

　海外からやってきたチンチラがその月齢の場合、離乳はもっと早いものです。

　子チンチラは生後1ヵ月半を過ぎても、ママと一緒にいればオッパイを飲み、またママが食べる大人の食べ物もよく食べて育ちます。十分に甘えて育ったチンチラは情緒も安定します。（ただし、自家繁殖による販売の場合は店主の裁量で離乳を決めています。よく食べ、肉付きがよく体重もあり、元気であれば販売します）

　生後3ヵ月頃まで親元で過ごせば丸々と大きくなり、親と離れて家が変わるという大きなストレスがかかった新しい環境でも元気よく食べ続けることができるでしょう。

　しかし、離乳したてのチンチラをお迎えした場合、飼い主がお母さんです。牧草を食べているか、ペレットを食べているか、排泄物はどうか、元気に動き回っているか、特によく見守ってあげてください。

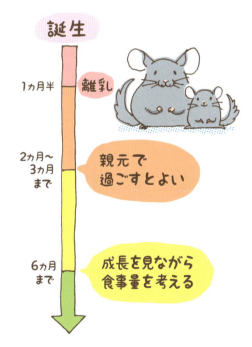

たくさん食べさせたいからといっても、牧草やペレット以外のものを大量にあげすぎてはいけません。子どもの頃から主食は牧草が一番よいのです。痩せているようであれば、ペレットを少し増やし、栄養価の高い牧草（アルファルファなど）を多めにあげてもよいでしょう。

高齢の食事

チンチラは高齢になるにつれて、少しずつ歯が弱り、牧草の茎の部分を残すようになってくる場合があります。念のため歯の検診をおすすめしますが、それでも難しくなってきた場合は、葉を多くあげるようにし、また食べられる牧草を積極的に探してあげましょう。チンチラは、どんなに高齢になっても食べられる限りは牧草から栄養を摂ります。少しでも牧草の機能を果たしてくれるような、ペレットの中でも咀嚼や摩耗回数が多い牧草ペレットなどを利用しながら歯の健康のサポートをします。

もしも、牧草やペレットがほとんど食べられなくなった場合は"流動食"で対応する場合もあります。141ページの介護の項目を参照してください。

チンチラは高いところで食べることが好きな子も多いので、ケージのレイアウトで、食器を高いところに設置することは多いのですが、運動能力の落ちる歳になってきたら、高いところに登ることが難しくなったり、危なくなったりしますので、食べやすい高さに変えてあげましょう。

多頭飼育の食事

多頭飼育をしていて、一つのケージで飼育している場合、設置している食器が一つだけですと、ケンカになることがあります。できるだけケンカしないように人数分の食器をケージに入れてあげましょう。

食事量の確認

毎回の食事量の確認はとても大事なことです。だいたいいつもの時間に、いつもの量をあげて、次の食事時間までに食べきっているか、どれくらい食べたかを確認しましょう。

食べきっていなかった、いつもよりも多く残している、など食事が減っているときには、チンチラの不調を疑います。チンチラが暑がったり寒がったりしていないか暮らしている環境も見直してみましょう。あわせて体重の増減も必ずチェックします。

また、歳をとるにつれて現れる体調の変化は、食事量や食の好みの緩やかな変化で知ることができます。ささいな食事の変化にも気づいて、気遣ってあげましょう。

「動物の5つの自由」
The Five Freedoms for Animals

　5つの自由とは、もともとは牛や豚などの畜産動物の福祉の指標としてイギリスで生まれたものです。いまでは、国際的に認められている、動物を適正に飼育するための考え方です。日本でも「動物の愛護及び管理に関する法律」第2条に同じような内容が定められています。もちろん、チンチラにもあてはまるものです。

1. 飢えと乾きからの自由（解放）
Freedom from and Thirst

チンチラは草食動物です。
牧草はいつでも食べられるようなっていますか？
お水は毎日用意されていますか？
補助食として、
チンチラフードを与えていますか？
大好きな牧草をたくさん見つけてあげましょう。

2. 不快からの自由（解放）
Freedom from Discomfort

チンチラは高温多湿、急な温度変化も苦手です。
直射日光があたったり
ムシムシしたり
寒すぎたりしていませんか？
排泄物で汚れたケージで暮らしていませんか？
清潔で換気のよいお家にしてあげましょう。

3. 痛みや病気からの自由（解放）
Freedom from pain, Injury or Disease

チンチラは草食動物の中でも
とりわけ病気を隠す動物です。
食事量や排泄物に異常はありませんか？
ケガや皮膚病はありませんか？
少しでも変化があった場合、
すぐに診察や治療を受けることができますか？
いざというときのために病院貯金をしましょう。

4. 恐怖や不安からの自由（解放）
Freedom from Fear and Distress

チンチラの暮らしている場所は安全ですか？
必要以上にうるさい場所ではありませんか？
仲の悪いチンチラ同士を
無理矢理一緒のケージに入れていませんか？
食べ物や散歩があったりなかったり
不安定な生活をさせていませんか？
チンチラの気持ちに耳を傾け
優しく声をかけてあげましょう。

5. 本来の行動をする自由
Freedom from Normal Behavior

チンチラが楽しそうに動き回れるくらいの
ケージが用意されていますか？
複数で同居している場合は、その群れに合った
スペースを確保できていますか？
誰かが我慢をしてませんか？
もし1匹で飼育されている場合は、
飼い主が群れの仲間です。
チンチラはあなたとずっと一緒にいたいのです。

PERFECT
PET
OWNER'S
GUIDES

Chapter 5

チンチラとの
生活

チンチラとの暮らしを始めよう

Chapter 5 チンチラとの生活

チンチラの性格を理解しよう

　チンチラは、生態系の中では非常に弱者である小型草食動物です。弱者は、音に敏感で、逃げ足も速いものです。特に、チンチラ同士で鳴き合う「警戒」の声には過敏に反応します。突然の大きな音は当然ですが、小さな音でも耳障りな音が継続的に続いたり、連続的に鳴っていたりすると不穏になってしまうことがあります。そのくらい気を張っていないと食べられてしまうとても小さい動物なのです。それでも、チンチラは、小型草食動物の中では、とても陽気で積極的な性格の持ち主でもあります。

　そうはいっても、出会う人や動物に対して必ずしも最初から友好的な態度に出るとは限りません。時と場所も大きく左右しますが、まずは敵なのか味方なのかを確認するために、慎重に考えます。こちらにとってはどんなに愛情表現の行動であっても、急に手を出したり、ふいにさわろうとすれば、まずはびっくりした気持ちになってしまうでしょう。チンチラからしてみれば、いきなり自分のなわばりにずかずかと入り込まれた気分になり、恐怖や怒りで飛び退いてしまいます。

　特に、新しいお家にやってきたばかりのチンチラは、まずはここが安全かを確かめようと必死です。与えられたケージ、ケージの置いてあるお部屋、そして飼い主そのものにも、決して襲われないという確信を持つまではなかなか心を許せないのです。ただし、それは短時間で確認が終わる子もいれば、長々と確認している子もいます。チンチラは、必ず慣れる動物です。それを信じて、チンチラに無理強いせずに、段階を踏んで少しずつ距離を縮めていきましょう。

チンチラとの上手なコミュニケーション

Chapter 5 | チンチラとの生活

人との暮らしで進化する
チンチラのコミュニケーション能力

　チンチラは、野生時から比較的、人間に警戒心がなかったといわれています。そのため、性質としてはフレンドリーな動物です。動物は、人間がどうコミュニケーションをとり続けたかによって、その能力や感情は大きく変わります。

　つまり、飼い主のコミュニケーションの取り方次第で、チンチラの生き方が変わっていくのです。毎日、気持ちのこもった言葉をかける、大切に思ってあげるだけでも、飼い主の愛情はきちんとチンチラに伝わり、彼らもそれに応えようと愛情深くなっていきます。もちろん、名前も覚えますし、簡単な言葉をいくつも理解もします。ただし、もともと人間と主従関係を築くことができる犬とは違い、飼い主の指示に従順になるということはありません。

　たとえば「○○ちゃん、へやんぽ終わりよ。帰ろうか」と話しかけます。飼い主に呼ばれたことはわかっていても、「いま、忙しい」「まだ帰りたくない」と自分の気持ちを優先して、無視をしたり、逆方向に逃げていったりします。やってはいけないことを「ダメ!」と言われたら、チンチラは、とりあえずやめてみせることもあるでしょう。でも、次の瞬間には「ダメなのはわかってるよーだ」という気持ちを込めて、飼い主の目を盗んでやるようになります。

　学習能力は非常に高い動物です。欲求も強く、これをやったら飼い主が喜んだ、ほめてもらえた、おいしいものがもらえたという興奮した気持ちを繰り返し感じると、物事を積極的に覚えていきます。もともと喜怒哀楽がはっきりしているところもあるため、飼い主が積極的に話しかけ、いろいろな気持ちを伝えたり、経験を持たせたりすることによって、感情がグングン育つ動物なのです。

迎えたばかりの接し方

まずはケージの中で

「このチンチラと暮らしたい！」そう強く感じてお迎えしたチンチラでも、もともと人に関心の強い子だったり、もともと内気であったり、いろいろな子がいるものです。まずは、どんな子でも「はじめまして。私たち家族になりました！」のコミュニケーションから始めましょう。

お迎えされたばかりのチンチラは、興味と恐怖が入り混じった複雑な気持ちでいます。最初から積極的に前に出てくる子でも、内心はやはり不安があります。もちろん、隠れてしまってなかなか前に出てきてくれない子もいるでしょう。それでも、最初にまず飼い主が行なうことは、とにかくここが安全だということを教えてあげることです。そのためには不自由なく安全な環境を整えることが一番なのですが、人間と暮らすという生活でもっと大切なことは、人間はチンチラを襲わないということを理解してもらうことなのです。

それには、飼い主の声とにおいを覚えてもらいます。毎日、できる限り気持ちを込めて優しく声をかけてあげましょう。「なにか言われたけどなにも起こらなかった」「なにか言われたけどいい気分だった」そういった積み重ねが、飼い主への信頼につながっていきます。飼い主の声や自分の名前に反応するようになったら、ケージの中に手を入れるコミュニケーションを始めます。そのコミュニケーションで、飼い主のにおいを覚えてもらいます。

また、お迎えしてすぐに「慣れてもらおう」「遊ばせてあげよう」と部屋に放ってしまう場合があります。自分のにおいがない、一度も歩いたことがない、知っている声や音がない、などの状況では、ほとんどの子が怖がってしまいます。「安全な場所に逃げよう」と隙間を探し始めます。誰にも見られないように気をつけながら、隙間から隙間へと走り抜けます。そしてしまいには飼い主の手の届かないような場所にこもってしまうのです。もちろん容赦なく遊び回る子もいるかもしれませんが、飼い主とのコミュニケーションが築けたあとのほうが、一緒に遊んでくれるバリエーションが豊富になります。「大丈夫。一人で遊べるから」「最初からずっと一人で遊んできたし」といった感覚を覚えてしまわないためにも、まずはケージ内のコミュニケーションで信頼関係を築き上げましょう。

慣らし方の手順

名前をつけて声に慣らそう

　人間の声は私たちが思っているよりも深く心がこもります。相手を愛おしむ気持ちの声は必ず伝わるものです。まずは、一日を通しての挨拶と名前をたくさん呼んであげましょう。たとえ隠れていても、こちらを見ていなくても、必ずチンチラは聞いています。

　そうすることによって、飼い主の声を覚え、反応するようになります。また、特に食事のたびには必ず声をかけるようにします。動物にとっての食事は私たちが考えるよりもとても大きな喜びの瞬間です。

　ただし、長時間ケージの金網に張りついて「○○ちゃん、○○ちゃん、○○ちゃん……」と呼び続けるのは、チンチラによっては非常にストレスになることもあります。寝ているチンチラを無理矢理起こしたり、突然大きな声で呼びかけたりはせずに、チンチラの様子をうかがいながら声をかけましょう。

手から食べ物をあげてみよう

　チンチラが飼い主の声や存在に反応するようになったら、徐々にケージ内でのコミュニケーションをとっていきます。これができるまでは、無理矢理抱っこすることも控えます。

　動物は元来突然身体にさわられることに警戒を示すものです。呼ぶとすぐに寄ってくるようになったチンチラでも、飼い主が急にさわろうとすれば、警戒してしまうことも少なくありません。ほとんどの子は、ケージに手のひらを入れると怖がるので、手を握ったまま入れてみましょう。

もしどうしても手を怖がる場合は、お腹がすいている時間帯に、握った手の中に食べ物を入れてにおいをかがせてみます。指でつまんだものを食べてくれるようなら、それを続けて、徐々に手の中に、または手のひらに置いていくのもよいでしょう。

　そうしているうちに、飼い主の手のにおいを覚えていきます。ともすれば、自分の口や手で手を開こうとします。すぐに開けてもよいですし、少しじらすように手をあちこちに動かして、遊び感覚で楽しんでもよいでしょう。

　そのコミュニケーションを楽しめるようになったら、握った手を少しずつチンチラの身体につけるようにしてボディタッチをしてみます。スムーズにふれられるようになったら、手のひらを開いて、少しずつ手のひらのほうでさわってみましょう。

　最初は多くを望まず、少しずつさわれる場所を増やしていくようにした方が、信頼関係を築きやすいです。

ケージコミュニケーション

　ケージから出たがるチンチラでも、さわることは拒否する子も多いものです。毎日のケージコミュニケーションによって、少しずつ飼い主とのふれあいを楽しむようになってきますので、ぜひあきらめずにやってみましょう。特に出たがっても出せない時間帯には、こうして少し遊んであげるだけでも気持ちがおさまる子もいますので「へやんぽまだだよ」「だめだよ」と否定的なコミュニケーションをとらずに、「お話ししよう！」「手で遊ぼう！」などといって、気持ちを変換させてあげましょう。

　ケージコミュニケーションが十分にとれていない状態での「へやんぽ」は、チンチラが一人遊びをする時間になりやすくなります。飼い主とのコミュニケーションは楽しいものという認識が薄いと、飼い主の存在を無視して、好き勝手にすることを覚えてしまうからです。まずは、ケージの中で仲良くなりましょう。

　あごの下をかくと喜ぶ「カイカイ」も抱っこも、段階を追ってコミュニケーションをとっていけば、徐々にできるようになるチンチラは多いのです。

まずは手に慣らそう

手が怖いと思わせないで

信頼関係を築けない状態で急に手をケージに入れるとびっくりしてしまいます

手のにおいをかがせよう

手の甲をチンチラにそっと近づけて、においを知ってもらいましょう

食べ物も上手に活用

慣れてきたら、食べ物を手に握って差し出してみましょう

抱っこの方法

　無理矢理に抱き上げることはおすすめできません。元来チンチラは抱かれる動物ではありません。ただし、人間との生活において、必要最低限の抱っこに慣れておくことはお互いに必要です。

　気をつけておきたいことは、野生下でチンチラがどういう状況で捕食されてきたかということです。

　上部、背部、後部など、広いチンチラの視野でも見えにくい場所から襲われていたのです。そのため、そういった角度からのアプローチは、チンチラを必要以上に驚かせてしまうことがあります。

　まずはきちんと向かいあう、こちらを見ていない場合は声をかけてこちらの存在を知らせる、できるだけ目線をあわせる、これは、抱っこ以外の日常的に気をつけていたい事柄です。

　いろいろな方法の抱っこの仕方がありますが、どういう方法が向いているかはチンチラによって違います。

　ケージの中ではとにかく察知して抱かせてくれない、「へやんぽ」中はさわらせてくれない、膝の上に自分から乗って来たときしかさわれない子もいます。ケージから出ること自体が怖い場合は、まずはケージからこちらに出てくるコミュニケーションの練習をしなければ抱っこは難しいでしょう。開けておけば出てくる状況を放置し続けるとまったくさわれなくなります。

　「へやんぽ」をするには飼い主の手のひらや膝を通っていかないといけない、一度抱かれないと「へやんぽ」の場所に移動できないなど、ある程度のコミュニケーションのルールは決めておきましょう。

　ケージ内でも、「へやんぽ」中でも、基本はチンチラをすくい上げるように抱き上げます。上から無理矢理つかんだり、逃げるチンチラを追いかけまわしてはいけません。柔らかいボールが転がって来て、それをすくい上げるときと同じようなソフトな力加減で十分です。ただし、すくい上げ方が不安定だとすぐに床に戻ってしまいます。両手のひらをピンと伸ばし、チンチラの両後ろ足がしっかりと着地できるような安定感をつくってあげましょう。

　また、注意したいのは、もともとチンチラは衝撃で毛が抜ける身体の構造をもちます。これは、天敵から逃れるための身体のしくみです。チンチラの身体は見た目よりもかなり小さいので、天敵も毛だけをとらえることが多かったのでしょう。その毛を抜いてしまえば、命が助かったのです。飼い主の抱っこでも同じです。中途半端につかまえると、毛が大量に抜けてしまうことがあります。相当暴れる子もいるかもしれませんが、基本は両後ろ足を安定させて、そっとお腹を支えてあげると安心します。あまりぎゅっとにぎってしまうと、捕獲されたと思ってしまう本能で、より暴れてしまいます。必要最低限の支えで抱けるように練習しましょう。

座って抱っこ

① ケージの前に座ってチンチラが出てくるのを待ちます

② 両手をチンチラの両側に添えるようにして

③ チンチラを自分のほうに促します

④ 抱き上げたら

⑤ 自分の体につけるようにして抱きましょう

⑥ 足が不安定にならないよう支えてください

立って抱っこ

① ケージの入り口に両手を出します

② チンチラが自分から乗ってくるのを待ちましょう

③ 乗ってきたらすくうようにして持ち上げます

④ すぐに胸元につけるようにして抱きましょう

基本の抱き方

片手で胸元をやさしく支えるようにします

片手に後ろ足を乗せて安定させます

日々の世話

Chapter 5 チンチラとの生活

チンチラに必要な世話

慣れるまでの掃除

チンチラが環境に慣れるまでの掃除は、チンチラの様子によってどの程度掃除をするかを見極めます。たとえば、ちゃんと食べているか、ちゃんと排泄しているか心配で、一個フンをするたびにトレーを開けたり、扉を開けて大きさを確認したり、ステージにフンが一個乗っているからと慌ててケージに手を入れてそれを取り出したりすることはチンチラに逆にストレスを与えてしまう場合があります。特に新しいケージを自分のなわばりと認識するために、わざとあちこちにフンやオシッコをしている場合は、なわばりの確認ができずに、不安になってしまう場合もあります。

健康を保つために一番大切なことは衛生です。入念に掃除をすることはとても大切です。

それでも、お引っ越し当初は、ケージに手を入れて全体を掃除するのは一日に一回程度でよいでしょう。

お迎えした時期や年齢によっては、大量に毛が抜けることもあるかもしれません。毎日盛んに砂浴びをする子であれば、ケージ周りの砂の汚れも結構なものです。

チンチラに静かに声をかけながら積極的に掃除しましょう。

チンチラに安全な消臭剤やお掃除用スプレー剤などを利用すると時間をかけずにお掃除できます。

ただし、チンチラが汚れてしまうような場所にオシッコをしたり、緩いフンをしてしまった場合などはすぐにきれいにしてあげましょう。

慣れるまでの掃除
- □ 入念に掃除しすぎない
- □ ケージのトレーの掃除(毎日)
- □ ケージ側面の網の掃除(2〜3日おき)

慣れてからの掃除
- □ 下網を取り外して水洗い(月に1〜2回)
- □ ケージのトレーの掃除(毎日)
- □ トイレ掃除(毎日)
- □ 木製品の水洗い・天日干し(随時)
- □ 布製品の掃除(随時)
- □ 食器の洗浄(随時)
- □ 給水ボトルの洗浄(随時)
- □ オモチャ類の洗浄・交換(随時)

慣れてきてからの掃除

　チンチラが飼い主を信頼するようになれば、日常の掃除は、チンチラがケージ内にいても問題なくできるようになります。

　トイレを使っているならトイレの掃除、トイレを使っていないならオシッコをするコーナーなどをしっかりと拭きましょう。

　トイレには専用のチップなどを下に撒くと、消臭の効果があります。ただし、トイレの下網から手を伸ばして遊び感覚であまりにも食べてしまうようでしたら使用を避けましょう。トイレの金網が錆びてきたら、取り替え時期です。ケージの下網も同様です。錆びは身体を汚し、チンチラの病気や指や足のケガの元になるからです。

　木製品も意外と汚れやすい飼育用品です。木製品に使える消毒用スプレーをかけたり、ときには水洗いをして、よく拭き、天日干しをしましょう。チンチラではステージなどをケージ内の上部に取り付けることも多いので、接続するための金具がゆるんでいたり、壊れていたりしないか、掃除のたびにチェックします。また、ケージと金具の間にも砂や抜け毛がからみやすいので、金具を外したときにきれいにしましょう。

　布製品は、粘着テープを転がして汚れを取り除く掃除用具（通称コロコロ）で、毛やホコリを払ってあげましょう。もちろん汚れたら洗濯もしてください。

　食器は少しでも汚れたら洗いましょう。

　給水ボトルはコケが生えやすいです。また、チンチラが水を飲むときに唾液や食べ物のかすが中に入ることで、ボトル内に汚れがついたり、水が腐ったりします。水換えのときに柄のついたブラシなどでよくこすって清潔を保ちましょう。

　オモチャ類は汚れてしまうと、チンチラは遊ばなくなります。可能であるなら洗い、汚れが落ちないなら交換しましょう。

　牧草は水分で腐りやすいです。床材と使用する場合、オシッコがかかってしまったらすぐに交換します。放っておくとすぐにカビが生えます。皮膚病やにおいの元になるので、気づいたらすぐに取り替えてあげましょう。

　下網や床剤が汚れていると、どんなにチンチラが砂浴びをして身体をきれいにしても、足や身体が汚れてしまいます。特に尻尾は床にすってしまうものなので、オシッコがしみ込んでしまい汚れもにおいもとれにくくなってしまいます。こまめに下網を取り外してしっかり水洗いする、床材の場合もこまめに交換しましょう。なかなか外せないタイプの下網の場合は、こまめに床をふくようにしましょう。

チンチラの砂浴び

砂浴びの方法

　砂浴びはチンチラにとって心身ともにとても大切なケアです。チンチラは日本では考えられないような乾燥地帯に生息していたため、乾燥しすぎてしまうということがありました。被毛は寒さから身体を守るために密になり、そして乾燥から守るために必要に応じて皮脂腺からラノリンという油が出て、乾燥しすぎないようにしていました。砂浴びは、その際に出てしまう余分な油を取り去るという目的で始まったようです。

　できるだけ新鮮な砂を使って、少なくとも一日1回はさせてあげましょう。個体差がありますが、1回に5〜15分くらいかけて砂浴びをします。砂浴びの容器はさまざまなものがあります（49ページ参照）。チンチラの大きさにあわせて、容器内でチンチラが回転しやすいもの、砂が飛び散りにくいものがよいでしょう。

　たいていのチンチラは砂の量は多ければ多いほど喜びますが、底が丸くて小さめの容器でしたら、目の細かい砂であれば、大さじスプーン2〜3杯でも十分浴びることができます。この場合は、だいたい浴びきってしまいますが、それでも残った場合は、毎日交換するようにしましょう。大きな容器で、たくさんの量を入れてあげる場合は、汚れた部分を捨てる、チンチラが使用する以外は必要以上に汚れないような保存をする、空気にふれればそれだけ湿気を吸いますので、あまり長く放置すると効果がなくなります。また中でオシッコをしてしまう可能性も高くなります。排泄物で汚れたまま使用すると、目的を果たせないどころか逆に汚れてしまいますので、気をつけましょう。

　チンチラは砂のにおいが大好きです。容器に入れたままにして周囲のにおいを吸収してしまった砂でも、きれいであれば砂浴びはしますが、新鮮なもののほうがより喜びます。

砂はできるだけ細かいものを

　砂はできるだけ細かいものを使用しましょう。チンチラの毛は非常に密集しています。一つの毛穴から50〜200本ほど生えていて、厚い被毛をつくっているのです。まるで被毛のベールのように身体を覆っています。そのため、粗い砂では、皮膚まで到達することができずに、表面だけ砂浴びをしていることになり、油で毛穴が詰まってしまうことがあります。一見すると毛がさらさらになったように思えますが、細かい砂は皮膚まで到達しやすく、毛穴の洗浄も兼ねています。そういった砂浴びをしていると、元気な毛がたくさん生えて、毛量も豊富になります。逆に表面しか砂浴びができないと、毛の質が悪く、また毛の量も少なくなってしまいます。

　砂浴びは、砂さえあれば、いつでもどこでもすることができます。床にこぼしてしまった砂でもチンチラはくるくると回り始めるでしょう。容器があると、より効率的により気持ちよく砂浴びができるというわけです。新鮮な砂は、砂のいいにおいがします。容器に砂を入れてあげると、砂浴びをしたくてチンチラがやってくるようになります。へやんぽの最後に砂浴びタイムを設け、容器にチンチラが入ったら、チンチラごと容器をケージに戻すという日課もおすすめです。

心のための砂浴び

　砂浴びの目的は、油や汚れを取り去るということだけではありません。人間でいうところのお風呂に入る、身体をきれいにする以外に、リラックスする、気分転換になる、本能的に気持ちがいいという感情を持てる、というような効果があります。怖いことや嫌なことがあっても、頻繁に砂浴びをすることがあります。「あ〜、さっぱりした!」という気持ちは、満ち足りた気分になり、ストレスの解消にもなるのです。

　ですから、チンチラにとって心身ともに不愉快なことがあったとき、不本意なことがあったときなどには、できるだけたくさん砂浴びをさせてあげるとよいでしょう。チンチラにとって過ごしにくい気候の暑い時期、湿気の多い時期、寒暖差が激しい時期も、毛がベタベタになりやすく、精神的なストレスがたまりやすいものです。健やかな心を育てるためにも、十分な砂浴びは欠かせないのです。

容器と砂の管理

　砂浴び容器は、ケージの中に入れたままでも、砂浴びをするときだけ用意するのでもどちらでもよいでしょう。砂浴びをどうコントロールするかは、飼い主次第です。ただし、砂が飛ぶから砂浴びはさせないということは絶対にしてはいけません。

　砂浴びの入れ物をチンチラが気に入れば、容器をハウスや寝床として使用することもあります。

　使用する前の砂を保管する際は、きちんと密閉し、高温多湿を避けて日陰に保管しましょう。湿気を吸うと、見た目が変わらなくても効果は半減する場合があります。

グルーミング

チンチラのグルーミング

　日本ではこれまで、チンチラにブラッシング、グルーミングは必要ないといわれてきました。確かにただ毛をブラシやくしでとかすだけのブラッシングは必ずしも必要ないかもしれません。チンチラは、衝撃で毛の抜けやすい動物なので、慣れない手つきで力いっぱいブラシをかけてしまうと、毛が根こそぎ抜けてしまうことがあります。また、くしも、犬やうさぎ用の目が太く粗いくしを使用しても、まったく毛をといている感じがありません。毛が細く柔らかいため、なかなか入り込まないからです。また猫のノミとりくしのように細いものを使用してしまうと、今度は逆にひっかかりすぎてとけません。チンチラの毛は特殊なため、用具選びも難しいのです。あわない用具を使用して、慣れない手つきでブラッシングを試みてしまうと、上手にブラッシングができないうえに、毛がひっかかったり、皮膚にブラシをあてたりして、チンチラに嫌がられてしまいます。適切な温度湿度、環境で飼育され、その子の身体に合った砂浴びがきちんと行なわれていれば、積極的に必要なものではないのです。

　ただし、日本の気候はチンチラに適していないため、砂浴びを怠ったり、不衛生にしていると、またたく間にチンチラの毛並みは悪くなります。そして、チンチラも年に数回、換毛期がやってきます。季節の変わり目や

寒暖差が激しい時期などは毛が大量に抜けることがあります。そういったときはさすがに汚れや抜け毛を回収してあげるほうがストレスが軽減されます。

砂浴びなどで上手に落とすことができなかった抜け毛は、毛と毛の間に潜んでしまいます。うさぎに比べても毛が細く軽いので、中に残りやすいのです。ただし、毛量の違いでその量も変わります。少しはたいてあげれば軽くなる子もいれば、中へ中へどんどん入ってしまう癖のある子もいます。自分のチンチラの毛質をよく理解して、どう対処するか考えましょう。

では、グルーミングとはなにをさすのでしょうか。ブラッシング＝グルーミングではありません。グルーミングは、もともとは動物が自分の身体の衛生を保つために、身体中を点検しながら行なう毛づくろいや仲間同士で行なう身体のケアをさしています。トリマーが行なう犬のグルーミングでは、ブラッシング、シャンプー、爪切り、耳掃除、肛門絞り、肛門周りのケア、足裏のケアなどの一通りの身体のケアを意味しています。チンチラも同じです。たとえ、ブラッシングが必要なくても、人間と暮らす動物は人間の管理の元で身体のケアは必要です。お尻周りを汚しやすい子もいるでしょう。病気で身体がすぐに汚れてしまうこともいるでしょう。グルーミングをすることで、細かい身体のチェックができ、病気の早期発見につながることが多くあります。ただし、無理に行なうものではありません。心配な場合は、専門家や獣医師に相談しましょう。

なお、よほどの緊急時以外は、チンチラの全身を洗わないでください。

ブラッシングの方法

チンチラの毛は舞いやすいので、最初に少し手を濡らしたり、グルーミングスプレーなどを少し手にかけて表面の毛をしっとりさせて行なう方がよいでしょう。手でゆっくりマッサージをするように身体の表面をなでます。このときに、いわゆる逆毛、お尻のほうから頭のほうへ毛をさかなでるということを繰り返すと、多くの抜け毛が身体から落ちていきます。無理矢理ゴシゴシやってはいけません。抜けなくてよい毛まで引っ張られて抜けてしまいます。抜け毛がたまりやすい子は、このハンドブラッシングだけも、かなり効果があります。

もしブラシをかける場合は、抜け毛を回収するだけと思いましょう。ブラシでチンチラの毛並みを完全に整えることはできません。ブラシ部分を深く入れずに、表面に浮いてくる抜け毛をさっさっと回収する気持ちで行ないます。毛がよく通るようになったら、くしをかけます。くしは身体の表面と並行になるようにすべらせるようにといていきます。そのときに毛がひっかかるようでしたら、その部分は一度上に力を抜いていきます。それを徐々に繰り返していくと、毛がきれいにとけていくようになります。

チンチラの爪切り

チンチラの爪は特殊な形をしています。

犬や猫、うさぎのように、まっすぐにグングン伸びません。前足の爪はとても小さく、後ろ足の爪は、人間の足の親指の爪のような形をしています。通常の生活ではほとんど伸びません。それでも運動量の違いや、日常生活の動きの癖、走り方などでとがったり、多少伸びたりして、抱っこすると痛い、蹴られると非常に傷がつく、といった場合があります。どうしても痛い場合は、人間用の巻き爪を切る爪切りでカットしたり、やすりで削ったりします。慣れない場合はとても危ないので、無理に行なうことはやめましょう。

そのほかのケア

● 足の裏

ケージの構造上、高い位置から床に思い切りジャンプして降りる、固い場所でやたら三角跳びやキックをする、汚れた場所で過ごすことが多いなど、さまざまな理由で、足裏が汚れる、角質ができる、肉球がよれる、傷つく、かかとが切れるといったことが起こります。放っておくと、切れた部分が悪化して、かかとをつけられなくなる場合がありますので、衝撃を抑えるレイアウトを考えて、あまりにアクロバティックな「へやんぽ」を行なわないように気をつけましょう。保湿剤などを塗布するケアも効果的です。

● 耳

チンチラは汗をかきません。そのため、体温が上がった場合は、耳で放熱をします。体温が上がったり下がったりしていると、耳全体がカサカサに乾燥してしまうことがあります。適度な保湿をしてあげると、気にならなくなります。

また耳は一度傷つけてしまうと再生しません。非常に薄く切れやすいため、傷をつけやすいです。一度嚙まれたところはでこぼこに傷が残ってしまったり、切れたままになってしまいます。

チンチラの耳は、あからさまに耳垢がたくさんたまることはほとんどありませんが、大柄または毛量が多く体温が上がりやすい、環境などが原因で汚れることはあります。湿らせた脱脂綿や綿棒で拭くとだいたいがきれいになります。耳の中は非常に敏感なので、無理に行なうことはやめましょう。

● 目の周りやひげ

目がしらに目やになどがついてないか、目の周りに傷がないかなどを見ます。もし気になる場合は、自己判断せずに病院へ行きましょう。また、べたべたした食べ物を食べた後に、ひげに汚れをつけていることもあります。また口などに出血があった場合、ひげに血がついてしまうことがあります。すぐに拭いてあげないと、染色されて落ちにくくなります。

● お尻周り

オシッコやフンで汚してしまうことが多くあります。床材や床網の洗浄の頻度などを見直すとともに、なぜ汚れるのかをまずは考えましょう。いつもお尻がオシッコで汚れている場合は、お互いにストレスになります。オシッコの仕方に特徴がある場合もありますし、オシッコの出方がおかしい場合もあります。膀胱炎などでオシッコを自分でコントロールできなくなっている場合もあるので、環境を見直しても非常に汚す場合は、病院で相談してみましょう。

暮らしのプラスアルファ

Chapter 5 チンチラとの生活

トイレを教えるには

チンチラはトイレを覚えないといわれてきましたが、完璧に覚える子もいます。もちろん、まったく覚えない子もいるのですが、なにかの拍子に急にできるようになる子もいます。また逆に環境の変化などを理由に、トレイを使用しなくなる場合もあります。それでも、少しでも可能性があるならと、トイレを設置する方が多くなりました。

ある程度一か所でオシッコをする場合は、トイレにその子のオシッコのにおいをつけて置いてみます。排泄をしているときも非常に危険を感じるものなので、できるだけ安全な場所でしようとします。安全な場所が少ない場合、自分の安心できる場所、砂浴び容器やいつも寝ている場所でしてしまいます。そういう場合は、レイアウトを変えて、安心する場所を増やしてあげましょう。足場で決める子もいます。それが布の足ざわりなのか、牧草なのか、金網なのか、木製品なのかは、その子によって違います。自分のチンチラの特徴がわかったら、それを上手に利用して、トイレを誘導しましょう。

トイレの種類にも今はいろいろありますが、プラスチックのものは軽くて噛めてしまうので、壊されたり、動かされたり、ひっくり返されたりすることがあります。ある程度重さがあり、噛まれずにしっかりと置けるものがよいでしょう。うさぎ用のものを代用することがほとんどなので、トイレの金網はあわないようなら外して使用するか、設置自体を考え直しましょう。

チンチラの一日の尿量はうさぎなどに比べるととても少ないです。こまめに掃除をする習慣があれば、トイレを覚えなくても支障はありません。またチンチラは水分の摂取量が少なく、体内でむだなく水分を利用するため、濃縮尿に近い濃いオシッコをします。したてはほとんどにおいませんが、掃除を怠り長時間放置するととても臭いです。チップやトイレ用の砂を利用しながら、こまめな掃除を心がけ、においを出さないように気をつけましょう。不衛生な環境は、病気の元でもありますが、チンチラ自体が非常に不快です。

噛み癖の理由と対応

【甘噛み】

ベビーのうちは、ママのお乳をしゃぶること自体が本能的な甘えです。ママにお尻や口を舐めてもらって愛情を確認します。その延長で口で愛情を表現する場合があります。甘えて噛んでいるので、その加減がわからず痛くしてしまったり、指のふかふかした感じが面白くて噛み続けることもあります。大人になるにつれて、次第に加減を覚えたり、やらなくなったりします。また、愛情表現としての毛づくろいの力加減がわからないで行なっている場合もあります。

【食べ物と勘違いする】

食欲が旺盛だったり、慌てん坊だったり、食事制限をしている子に起こりがちです。小さい頃から指で食べ物をあげていることで、指のにおいがしたり、指が見えるだけで、「食べ物だ!」と興奮してしまい確認もせずにパクッと噛んでしまいます。できるだけ声をかけて近づき、声かけよりも先に指を出さないようにしましょう。癖がついてしまった場合は、手の甲などでコミュニケーションをとり、食べ物をあげる際にも指を閉じた手のひらに乗せてあげるようにし直しましょう。

【発情時】

特に若いメスは発情期には自分の体やなわばりにとても過敏になることがあります。ちょっとしたことで興奮したり、警戒心をむき出しにして、噛んでくることがあります。若いオスも、発情で興奮しすぎると、イライラして冷静な判断ができなくなり、飼い主にあたることがあります。これは一時的なものなので、できるだけそっとしておきましょう。掃除しようとケージに手を入れて噛まれるときは、できるだけ本人がいない間に掃除をして、必要以上に気を揉ませない気遣いが必要です。興奮させすぎないように接し、噛ませることを防ぎながらやり過ごしましょう。

チンチラの性成熟は、オスの場合は生後3ヵ月～半年頃、メスは生後4～8ヵ月頃に起こります。初めて発情期に攻撃性が出るメスがいます。身体に異変を感じるのか、身体を大事にし始め、急に飼い主がさわると噛んできたり、オシッコをかけてきたりします。このときに「どうしてさわらせてくれないの?」としつこく関わろうとすると、逆にエスカレートさせます。初めての発情で攻撃的になった場合は、数ヵ月経ち、平静に戻るのを待ちましょう。

もちろん、何の変化も表れないメスもいます。

また、大人のメスの発情周期は、時期やその子の体質にもよりますが、通常30～50日くらいで、その間の2～5日間くらいが発情期です。この期間だけ非常に攻撃的になるメスもいます。この場合も、発情期が過ぎれば元に戻ります。メスの発情に関わる攻撃性は個体差があり、また一過性のものであることが多いので、それぞれ接し方に気をつけましょう。

オスの場合は、性成熟をするといつでも交尾可能になります。ただ、発情で興奮し過ぎてしまうときは、近くに発情したメスがいるときだけです。ただし、オスでもメスでも気に入らない相手がいて、興奮しすぎる場合もあります。

【怖い思いをした】

　日々の接し方でもそう感じさせてしまうことがあります。まだ飼い主との信頼関係が築けていない時期に、ケージの上の扉からいきなり掃除する、目線をあわせずにケージに手をつっこむ、背後から突然つかむ、寝ているところをさわるなど、チンチラがびっくりしてしまうようなことを続けていると、落ち着ける時間がなく、その恐怖から攻撃性が出てしまう場合があります。また代謝量にあわない無理な食事制限をしていても、いつも身体が飢餓状態で、イライラする子になりやすいです。

【トラウマを持っている】

　これは深刻な攻撃性です。時間をかけてそのトラウマをとってあげる必要があります。あからさまに虐待を受けた心身の傷もあれば、人間の接し方が不適切で継続的に怖い思いをさせられたと思い込んだ場合もあります。手放す理由がよくわからない里子をもらったり、レスキューされたチンチラの保護主になったり、もう何年も売れずにショップの片隅で小さくなっている子をお迎えした場合、そういった過去を背持っていることが多いものです。また多頭飼育ができなかったという理由で手放された場合、ケージ越しにやたらとケンカをした記憶がある子は、新しい家に来てからも、周りは敵だらけであるという意識をなかなか変えることができません。

　「可哀想だから」と引き取る場合は、シリアスな過去とつきあっていくことができるかどうか、覚悟が必要でしょう。

　こういった場合こそ、噛まれないように真剣に考えます。噛まれてしまうと、「怖かったから噛んだ」という記憶が残り、トラウマが解消されにくくなります。「怖くなかった」という記憶にさしかえてあげる必要があります。

　日常的にたくさん話しかけて、なにをするにもきちんとチンチラと向き合い、「今から○○をするから、これをやらせて」と説明してあげましょう。

　チンチラとのコミュニケーション全般において大切なことは、叱らなくてよい環境づくりと飼い主の接し方を工夫することです。ここで、噛むことに対して、「イタイ!」「ダメ!」などと強く叱ってはいけません。叱る声の勢いや大きさによっては恐怖感が募り、自分を守ろうと攻撃性を生んでしまいます。

　「飼い主を噛む」という行為に対しては、噛ませない予防がとても大切です。攻撃的な噛み癖は、治すために時間がかかるものなので、必ずチンチラの気持ちを考えて接していきましょう。

留守番のさせ方

日々の留守番

飼い主の生活パターンとして昼間はお勤めに出て、夜に帰ってこられることが多いかと思います。飼い主が留守中、昼間のチンチラは、ほとんど寝ているので、食事よりも温度管理に注意をしたいものです。

気をつけたいのは夏よりも、エアコンを入れるか入れないか迷うような季節です。飼い主が在宅中の朝夕は涼しくとも、日中は気温が上がっていることがよくあります。できたら、最高と最低の温度が記録できる温度計でチェックしてほしいです。この温度計は、ケージのすぐ近くで、チンチラがよくくつろぐ場所により近い場所に設置しましょう。

反対に夜間に留守にすることが多い場合、夜半すぎから朝方までが極端に冷えることがあるので注意が必要です。この時間帯は、飼い主が在宅でも就寝中であることも多く、気づきにくいので同様に注意しましょう。

1泊以上の留守番

数日チンチラを置いて外出することはできません。1泊以上留守にする場合には、ペットホテルを利用するか、自宅にお世話に来てくれる方を探しましょう。万が一、夜勤や急な用事で夜を越えて外出をする場合は、前述の温度管理はもちろんのこと、絶対に水や牧草を切らさないようにします。脱水症状は、チンチラの体をまたたく間に弱らせてしまいます。

ボトルを2つ取り付けましょう。また、床に下網が敷いてある場合、牧草が網の下に落ちてしまうことのないように、牧草入れを1個以上使い、牧草をたっぷり用意して出かけましょう。

ハウスやお気に入りの場所にオシッコをしてしまう場合は、留守中に身体が汚れてしまうので、前もってお気に入りの場所を増やしてあげる、汚れない対策をする工夫も必要です。

また、物音がまったくしないことや真っ暗のままを怖がったりする子には、可能な範囲で音楽や常夜灯などをつけたままにすることも考えてみましょう。

飼い主が大好きなチンチラは、たとえ1泊でも、とても寂しがりますし、不安になります。愛情をもって、留守を説明してあげましょう。

外に連れて行く方法

慣らしておくことも必要

チンチラはとても学習能力のある動物です。一度経験したことや状況を覚えているものです。数回経験すればそれがどういうことかを理解します。いざというときのストレスを最低限にするためにも、危険でない外出は多少経験させておいたほうがよいでしょう。あまり過保護にしすぎると、いざというときにチンチラ自身が適応できなくて困ってしまうことがあるのです。

たとえば、病気で動物病院に行ったときが初めての外出、というケースです。病気や症状とは別に、おびえてなにも食べなくなってしまったり、胃が弱ってしまうことなどが多く起こります。急な手術や入院といった際にも、なにもかもが初めてだった場合のストレスと、外出は経験している、健診などで獣医師には会ったことがある、というような経験をしているストレスとでは、だいぶ違ってくるのです。

大きなストレスに突然さらされるよりも、小さなストレスを少しずつ経験して、慣らしておくほうがその問題をクリアできる確率がずっと高くなります。

離乳間もない子どもや高齢すぎる子、もうすでに病気であるということでなければ、無理のない範囲で月に一度くらいの頻度で外出してみましょう。徒歩での外出から、電車や車など、うちの子にあわせて出かけ先と手段は考えてあげましょう。多少慣れてきたらお迎えしたお店や、健診を受けに動物病院へ行ったり、飼い主が一人暮らしであれば実家に連れて行ったりするのもよいかもしれません。いたずらに恐がらせてはいけないので、やみくもに雑踏を連れ回したり、人ごみの多いイベントなどに行くのはやめましょう。

連れて行き方

外出には、小動物用のキャリーケースを使います。布製のものや小さすぎるものは、脱走されてしまう可能性があるので、身体が軽く横になれるサイズで、できるだけコンパクトで壊されないものを選びます。チンチラの集中力と破壊力は想像以上です。

また「へやんぽ」中にチンチラの行動範囲の中に置いておくと、遊びで入ったりして、キャリーケースへの警戒心が薄くなります。

外出中は、できるだけ優しく声をかけてあげましょう。キャリーケースには、オシッコで汚れないように対策をします。じかにペットシーツを敷くと食べてしまうことがあるので、要注意です。牧草は必ず入れてあげましょう。

給水ボトルを設置すると、移動中に体を濡らしてしまうことがあります。数時間であればなくても大丈夫でしょう。長時間になる場合は、必ず設置が必要です。

チンチラと遊ぼう

Chapter 5
チンチラとの
生活

「へやんぽ」の方法

　「へやんぽ」は、ただ単にチンチラの運動のためだけではありません。身体を動かすことによる骨や筋肉の健全な成長、精神的ストレス解消、そして自ら選択できる自由はチンチラの探究心を満たし、好奇心からくる欲求に応えることができます。そんなチンチラと同じ空間で一緒に遊ぶことによって、飼い主とのコミュニケーションを深めるためのものでもあります。

　ただし、ケージの中でのコミュニケーションを高め、信頼関係を深めてから「へやんぽ」を始めたほうが、楽しさは変わってくるでしょう。信頼関係が深ければ深いほど、チンチラは飼い主と一緒に遊べることを喜びます。

　初めての「へやんぽ」は、自分のにおいのない世界に少し緊張します。そのため、初めて見るものに恐る恐る近づいたり、物陰に隠れたりを繰り返し、どうやらここは誰にも襲われないようだと安心すると、走り回り始めます。

　もちろん、チンチラによって、その点検が慎重だったり、適当だったりします。「へやんぽ」に慣れることも、早かったり遅かったりします。興味もまちまちです。

　ただし、何もないただ広い空間に放されてもチンチラはあまり面白くありません。かといってあまり隠れるところばかりだと、隠れ家から隠れ家へ移動することだけに終始してしまうかもしれません。

　「へやんぽ」に慣れてくると、「へやんぽ」開始時は、ケージの外に出たことがとても嬉しくて興奮しています。またなわばりの点検に忙しくて、飼い主が呼んでも振り向きもしないかもしれません。無理に構おうとすると嫌がられることもあります。

　それでも探索や点検が終わると、飼い主の身体に登ったり降りたりするでしょう。そのときがコミュニケーションをとるチャンスです。

　エアコンを稼働している時期や真冬などは、チンチラが隠れる隅っこや、走り回る床上が底冷えしているため、「へやんぽ」中にチンチラの身体が冷えてしまうことがあります。「へやんぽ」中の隠れ家や床にマットを敷いてあげるなど、暖かくし、チンチラの足がすべりやすいことのないように、足裏にも優しい配慮をしてあげましょう。

ケージからの出し方・戻し方

チンチラをケージの外に出すときには、扉を開けてぱーっと走っていくというものが定番かもしれません。「へやんぽ」の開始はチンチラにとってはこれからとても楽しいことが待っているわけですから、簡単なコミュニケーションのチャンスです。できるだけフリーにさせすぎず、抱っこやボディタッチなどを毎回のルールにしておくとコミュニケーションがとりやすくなっていきます。逆に、ケージに戻す際には、身体にさわるのはやめましょう。抱っこ、またはさわられる＝帰される、と覚えてしまい、さわられることを嫌がるようになります。「へやんぽ」のタイミングを食事前や砂浴びの前に設定し、終了の合図は食事または砂浴びなどと決めておくと、スムーズに戻ってもらうことができるでしょう。

遊ばせる時間

チンチラの運動量、性格などで個体差がおおいにあります。「へやんぽ」をしたりしなかったりが一番チンチラのストレスになるので、飼い主の無理のない範囲の時間設定をしましょう。チンチラにとっては「へやんぽがない」と「5分でもへやんぽがある」では大違いです。しかし、毎日の「へやんぽ」時間が5分くらいでは短すぎます。もし前日が短い「へやんぽ」だとその日はなかなか帰ろうとしないかもしれません。いつもより少し長めに遊んであげましょう。その時間は、30分～3時間くらいと本当に幅があるものです。チンチラにとっては長ければ長いほど嬉しいですが、途中で引きこもってしまうことがあるようなら、その時間を計算して「へやんぽ」時間を決めるとよいでしょう。

サークルを使う場合

サークルで囲った部分だけで「へやんぽ」をしている場合、そこになにもないとチンチラはすぐに飽きてしまい、サークルから出ることばかりを考えるようになります。できればサークル内にハウスやトンネルを置き、楽しい場所にしてあげましょう。チンチラは網をよじ登ったり、三角跳びをして、1mくらいは簡単にジャンプできます。屋根のないサークルを使用する場合は、飼い主も入って、一緒に遊んであげる方が、脱走や退屈の防止になります。また、サークルに布などをかけて、サークルの外に興味を持たせないように工夫してみましょう。

遊び方も時間も「へやんぽ」の仕方はそれぞれです。チンチラの傾向を知って、「へやんぽ」を楽しみましょう。

チンチラの多頭飼育

Chapter 5 チンチラとの生活

多頭飼育をどう考える?

チンチラは陽気で個性豊かな動物です。1匹1匹の性格が際立って違うことやカラーバリエーションが増えたことなどから、多頭飼育を始める人が増えています。身体が1kgに満たない、片手サイズであることもそれに拍車をかけるのかもしれません。海外においても、チンチラの多頭飼育は本当に多いのです。そのくらいチンチラは、魅力的な動物で、私たちを引きつけるその魅力は、語り尽くせないでしょう。

そして、きっと楽しい大家族になることは間違いありません。

しかし、楽しさや喜びが2倍3倍になるだろうと誰もが期待する多頭飼育は、一歩間違えると多頭飼育崩壊の危機をはらんでいます。多頭飼育崩壊はなぜ起きるのでしょうか。

一番の理由は、世話ができなくなることです。最初は楽しかったチンチラのお世話もコミュニケーションも、チンチラの長い寿命の中で、だんだんとそう感じなくなってしまうことがあります。これは誰にでも起こりうることです。自分の人生には必ず波があります。人生の節目もあるでしょう。それでも、それをきちんと乗り越えることが動物と暮らすことを決心した飼い主の責任です。1匹なら、なんとなく乗り越えられたのかもしれません。数が多いと、考えるだけで重荷になってしまうことがあります。

それでも、経済的に不安定になってしまったらどうでしょうか。数が多ければ多いほど、そのダメージは大きいでしょう。ましてやチンチラが次々と病気になってしまった場合、その費用で放棄を考える人もいるのです。

またアレルギーになってしまったらどうでしょうか。動物と暮らすことを決心する前に、必ずアレルギー検査を受けた方がよいでしょう。「いま一緒に暮らしていて大丈夫だから」と甘く見ていると、数が増えたときに急に重度のアレルギー症状が現れてしまう場合があります。

では、出張や転勤、入院するような病気などはどうでしょうか。代わりにお世話をしてくれる人がいますか? 1匹ならすぐに預かってくれる人も見つかっていたけれど、数が多ければ預かってくれる人を探すことも難しくなるでしょう。

放棄をされたチンチラの最後は、とても悲劇的なものです。見つかりにくい、捕食される、生き延びることができない、そうわかっていて、暗闇に捨てられてしまいます。保護される確率は非常に低いです。またいわゆる飼い殺し状態を死亡するまで続ける、たとえば飼い主にそのつもりがなくても、適正な飼育ができていない場合はこれにあたります。これは遺棄・虐待と定義され、動物愛護法によって処罰されます。

自分がその立場にならないように、自分を過信せずに、冷静に多頭飼育を考えましょう。

多頭飼育の注意点

もし次の子をお迎えしたいと考えているのなら、現在いるチンチラの性格や年齢、性別によって慎重に選んだ方がよいでしょう。

先住のチンチラが「かわいくないから」「なつかないから」「自分と相性が悪いから」という理由で次の子を迎えたいなら、チンチラと暮らすこと自体を考え直してください。1匹のチンチラと向き合えない場合、何匹お迎えしてもそれは変わりません。

次の子を迎える前に、必ず先住のチンチラと信頼関係を強くもっておきましょう。多頭飼育で一番気をつけなければならないことは、先住のチンチラの心を傷つけないことです。子どもなら仲間ができたと思うことも多いですが、1～2歳の若いチンチラだとライバル意識が高まったり、3～5歳だと自分の立ち位置が不安になることが多いです。10歳くらいまでなら、別の群れから来た襲撃者と思うこともあるでしょう。もっと高齢の場合は、悲しみを覚えるかもしれません。このように年齢ステージによる精神的なダメージがあるかもしれないことを念頭におきます。

また、性格の違いによっても、その感じ方は変わってきます。個体差により反応はさまざまですが、先住のチンチラが最初に感じることは自分のなわばりにやってきた不審者なのです。「男の子と暮らしているので、女の子を迎えれば絶対喜んでくれる」とも限りません。発情期以外は仲良くできないペアも多くいます。

チンチラは群れの動物ですが、彼らの気持ちを考えずにやみくもに多頭飼育するのはやめましょう。群れには時間をかけてつくられた信頼関係や役割分担があります。信頼関係のないままにいきなり一緒にすれば、ケンカになったり、誰かがストレスを感じて食欲がなくなったり具合が悪くなったりします。

ケージを分けたとしても、敏感な子は新しい子のにおいだけで、過剰反応する場合もあります。お互いの存在に慣れるまでは、「へやんぽ」中にケージをのぞきあったり、一緒に「へやんぽ」させたりという無理な接触は避け、徐々に同じ空間に暮らすということに慣らしていきましょう。

なにより、どんなことも先住のチンチラを優先してあげることです。どうしても新しくお迎えした子が気になるでしょうが、その気持ちはそっと我慢して、冷静に、公平に、そして先住のチンチラをたてて、お世話やコミュニケーションを行ないましょう。

楽しく暮らしたいと迎えたことがきっかけで、先住のチンチラが悲しい思いをしたり、具合が悪くなってしまうことは、とても辛いものです。また先住チンチラが新しいチンチラにやきもちをやき、攻撃したり、いじめたりし始めると、お互いが不幸になってしまいます。必ず飼い主が間に入って調和がとれるように気を遣っていきましょう。

「だいすきだよ」
~ お別れのときに

愛する動物たちは、
ほとんどの場合、先に亡くなってしまいます。
そして、私たちは嘆き悲しみ、
とても辛い思いをする。
だから、ペットは飼わないという人もいるでしょう。

愛って、形にならないし、見えないし、
伝えるのは、
とっても難しいよって思っていませんか？

でもね。きっと後悔すると思うんです。
伝えなかったこと。
だから、大きな声で毎日言ってあげたい。

「だいすきだよ」って。

いまそのときを大切に過ごすために
言葉にしたい。

「だいすきだよ」って。

幸せなんです。
チンチラも自分も
とても幸せな顔をしてるんです。

「だいすき」って言葉には、
はかりしれない愛のパワーがある。

怒っているときに
「だいすきだよ」って見つめてあげる。

元気がないときに
「だいすきだよ」ってなでてあげる。

怖がっているときに
「だいすきだよ」って抱きしめてあげる。

まいにちまいにちいつでもでどこでも
「だいすきだよ」って……。

だって、いつか言えなくなるんです。
いつかいなくなるんです。

だから、迷わないで愛してほしい。

いろんな例外は考えないでほしい。
いま目の前のその子だけを見つめてほしい。

手のひらから身体中から、
「だいすきだよ」って……。

いまここで触れることができなくなっても、
ずっとずっと……。

「だいすきだよ」

PERFECT
PET
OWNER'S
GUIDES

Chapter 6

チンチラを
もっと知りたい

チンチラの分類

Chapter 6 チンチラをもっと知りたい

チンチラは齧歯目

　動物は、まず脊椎動物と無脊椎動物に分かれます。脊椎動物は、脊椎のある動物をさし、哺乳類、鳥類、爬虫類、両生類、魚類に分類されます。無脊椎動物とは、背骨や脊椎を持たない動物のことで、脊椎動物以外の生き物すべてをさし、昆虫類からミドリムシなどまで含まれます。脊椎動物の5種類を簡単に分類すると、体内で子どもを作る動物が哺乳類です。たまごを産む動物が哺乳類以外に属します。そのたまごに殻があって羽毛がある動物を鳥類、たまごに殻があってウロコを持つ動物を爬虫類、たまごに殻がなくからだは粘膜で覆われた動物が両生類、たまごに殻がなくウロコをもち生涯エラ呼吸をする動物が魚類です。

　チンチラは、哺乳類の中の齧歯目（齧歯類）に分類されます。哺乳類も非常に大きいグループですが、そのグループの中の約半数を占めているといわれている種類が実は齧歯目なのです。

齧歯目の特徴は「歯」

　齧歯目の大きな特徴は、歯です。全部の歯または切歯（前歯）が一生伸び続けます。常生歯と呼ばれます。チンチラの切歯（前歯）は、上下に2本ずつ、臼歯（奥歯）は上下左右に4本ずつ存在します。全部で20本あります。（齧歯目のなかでもハムスターを代表とするネズミやリスの仲間は切歯のみが伸び続けます。ハムスターの歯は16本など種類による違いもあります）

　齧歯目には犬猫にあるような犬歯はありません。犬歯は獲物を捕らえるための武器といわれる歯です。つまり、チンチラは獲物を捕らえる種類ではないということです。そして、切歯は薄く鋭く、臼歯は土台がしっかりとした四角い形をしています。これは、切歯でくわえた食べ物を切断し、臼歯ですりつぶして食べるための形なのです。つまり、チンチラには、そういった食べ物が必要であり、一生伸び続ける歯をそのメカニズムですり減らし、歯並びを保ってきたのです。

うさぎや猫の「チンチラ」とは

　チンチラはよくうさぎと間違われることがありますが、うさぎはウサギ目です。一番の違いは、うさぎには上の切歯（前歯）が4本あることです。また歯の合計数も28本あります。また、うさぎにもチンチラという品種やチンチラというカラーがあります。これは、チンチラの毛色と似ていることからそう名付けられています。また猫にもチンチラという品種がいます。こちらも齧歯目のチンチラに似ていることからそう名付けられました。

チンチラの分類

```
動 物
├ 無脊椎動物
└ 脊椎動物
   ├ 哺乳類
   │  └ 齧歯目
   │     ├ リス亜目
   │     ├ ビーバー亜目
   │     ├ ネズミ亜目
   │     └ テンジクネズミ亜目（ヤマアラシ亜目）
   │        ├ チンチラ科
   │        │  ├ オナガチンチラ
   │        │  ├ タンビチンチラ
   │        │  └ コスチナチンチラ
   │        ├ テンジクネズミ科
   │        └ デグー科
   │           など
   ├ 鳥 類
   ├ 爬虫類
   ├ 両生類
   └ 魚 類
```

学　名	IUCNの正式英名
哺乳類網（Mammalia）齧歯目（Rodentia） 　チンチラ科（Chinchillidae） 　　チンチラ属（*Chinchilla*） 　　　オナガ種（*C.lanigera*） 　　　タンビ種（*C.brevicaudata*） 　　　コスチナ種（*C.costina*）	オナガチンチラ long-tailed chinchilla タンビチンチラ short-tailed chinchilla IUCNについては171ページ参照

チンチラってどんな動物?

Chapter 6
チンチラを
もっと知りたい

チンチラの野生での暮らし

　野生のチンチラは、南アメリカの西側にあるアンデス山脈全域に生息していました。主に暮らしている場所は、標高2,000mから5,000mほどの山の上のほうです。野生のチンチラにはオナガチンチラ、タンビチンチラ、コスチナチンチラの3種が存在していたといわれていますが、私たちが飼育しているチンチラの先祖は、野生のオナガチンチラです。タンビチンチラはわずかに生息が確認されていますが、コスチナチンチラの生息は不明です。

　アンデス山脈の気候は標高によってだいぶ違います。標高が高ければ高いほど非常に厳しいものです。チンチラは、天敵を避け、湿度0%に近い氷点下になるほどの寒冷乾燥地帯に生息していたため、その厚い被毛ができあがったといわれています。雨もほとんど降らないため、飲水量も非常に少なく、雪解け水や霜や露を舐めてしのぎ、少しの水で身体が成り立つ腎臓のしくみになったようです。日常食としては木の茎や樹皮、根っこやコケのようなもの、サボテンの実など、過酷な環境でも育つ植物しか食べられなかったでしょう。それでも、標高の下のほうでは、気候ががらりと変わり、農業もさかんです。食べ物や水を求めて、標高400mくらいまで下がってきていたという記録もあります。寒冷が過酷すぎる季節には、山を降り、標高1,000m付近に生息するデグーの巣穴を日中借りて眠り、夜に食べ物を摂ることもあるようです。

チンチラの暮らす過酷な環境
"Save the Wild Chinchillas!" フェイスブックより

チンチラのコロニー

　チンチラの天敵は、ワシ、タカやフクロウなどの猛禽類やキツネ、イタチ類です。もともとは昼行性猛禽類を避け、主に夜、行動していましたが、自然破壊が進み、キツネやイタチなどが山の上に上がるようになり、夜行性の天敵も増えました。どの天敵も同じように夜行性のため、チンチラたちは岩場を後ろ足で跳躍しながら俊足で逃げ、デコボコの場所でも尻尾でバランスを上手にとりながら飛び跳ねていきます。また、彼らが入ることができないような狭い岩場の隙間へも、ひげの感覚を上手に使って入り込んでいきます。岩場の影などに住処をつくり暮らしています。

　チンチラのコロニー（群れ）の大きさはまちまちで、家族のかたまりがいくつか集まってコロニー（群れ）をつくり、そのかたまりが数匹の場合もあれば、数百匹の場合もあったようです。あまりケンカを好まない動物なため、相当広い敷地に数匹といったような配分で、そのなわばりの境目にはフンを落としていまし

た。また家族やコロニー（群れ）単位でトイレを決め、そこにみんなでフンをすることもあったようです。広い距離を保って、できる限り平和に暮らしていたチンチラですが、一年に2回ほどしか産まない数少ない子どもたちを守るために、コロニー（群れ）が力をあわせて天敵と闘っていたと思われます。普段は鳴かないチンチラも、仲間に危険を知らせるときだけは、非常に大きな声で鳴きます。それは広い範囲で暮らすコロニー（群れ）に届くように、必死の叫びともいえるでしょう。猛禽類は主に子どもを食べますが、キツネやイタチ類は大人も食べるため、彼らが増殖するとチンチラの数がぐっと減ったようです。

チンチラと人間

なによりもチンチラの天敵であったのは人間です。南アメリカのペルーやチリ北部の部族では、古代からチンチラを狩り、衣服や敷物にしたり、その肉を食べたりしていました。それは弱肉強食の図であり、それだけならチンチラとの共存はできていたのかもしれません。おそらくチンチラは原住民が移住する以前よりそこで暮らしていたと思われ、チンチラは人が手を出せば寄ってきて、人を怖がらずに生活していたのです。後に、その毛皮で王族のために衣服を作るようになり、献上していました。スペイン人がアンデス山脈を植民地にしてからは、スペイン人がチンチラの毛皮の魅力に気づき、ヨーロッパへ毛皮を送り始めます。それが1500年代です。ここから原住民やスペイン人によって、金儲けのためのチンチラ狩りが始まります。人を怖がらないということが仇となって乱獲されるようになってしまったのです。

そして、1800年代には、世界的にチンチラの毛皮が大流行し、狂気じみたチンチラ狩りが始まりました。この時代には、標高の低い場所に生息するタンビチンチラを中心に狩られていました。毛皮数を稼ぐために、違う動物の毛皮を混ぜたりすることもあったようです。タンビチンチラがいなくなると、より標高の高い土地に移り、オナガチンチラを狩るようになりました。主な輸出先は、アメリカ、イギリス、フランスでした。毛皮を1枚作るためには、野生のチンチラが数百匹必要です。そのため、1800年代半ばからは異常な輸出量となり1900年がピークとなります。しかしその後、急激に輸出数が減っていきます。それは、人間による急激なチンチラ狩りによって、チンチラが絶滅危機に追い込まれてしまったからです。1910年にチリ、ペルー、ボリビア、アルゼンチンは、野生のチンチラを保護する初めての国際条約を批准します。この条約によって、野生のチンチラの捕獲と商業的な理由による輸出が禁止になりました。

チンチラ、アメリカに渡る

わずかに残された野生のチンチラは、より標高の高い土地へ逃げるようになりました。しかしその時代はチンチラはすでに原住民たちの生活の糧であったため、密猟が続けられていました。そして、チリにあるアメリカの銅山で、鉱山技師として働いていたチャップマン氏の元に、原住民が小さな缶に詰められた生きたチンチラを売りにきました。チャップマン氏は、その小さくも美しい生き物に一瞬で興味を覚え、そのチンチラを買い取ります。それが、1918年のことでした。そして、陽気で人なつこいその気質に惚れ込み、ペットとしても飼育したいと思い始めました。それでも、すでにチンチラは絶滅しかけていたため、年月をかけてやっと11匹のチンチラが捕獲されただけでした。チャップマン氏は、彼らをアメリカに持ち帰り、ペットとして販売し、さらには新しい毛皮産業をつくっていこうと考えていました。1922年にアメリカに帰ることとなったチャップマン氏は、飼育していたチンチラをどうにかしてアメリカに連れて帰りたいと考えました。すでに1910年には輸出禁止の条約ができていたため、なかなか輸出の許可が下りませんでしたが、1923年にとうとう出国可能となります。当時は航空便はなかったため、船で移動するしかありませんでした。赤道直下の海を越えなければならなかったため、チャップマン夫妻は交代で一日中チンチラたちを冷やし、どうにか1ヵ月かけてカリフォルニアに到着することができました。その間に1匹が亡くなり、2匹赤ちゃんが誕生したため、計12匹をアメリカに連れて帰ることができたのです。

チンチラをアメリカに連れて帰ったチャップマン氏

いま世界中で飼育されているチンチラの祖先は、おそらくこの12匹のチンチラです。チャップマン氏は、その後、繁殖に大成功し、アメリカとカナダへたくさんの生きたチンチラや毛皮を販売しました。最初は毛皮産業への進出が目的でしたが、チンチラの気質に魅せられ、自分のペットのチンチラを非常に可愛がっていたといわれています。今でもそのときの写真は、アメリカのたくさんのブリーダーが保持しています。最初に連れて帰ったうちの1匹は、アメリカに到着した22年後に亡くなったそうです。

チャップマン氏のチンチラ研究資料

111ページの資料は、おそらく1900年代初期の頃のものです。チャップマン氏が自分でタイプした原本がコピーされ、受け継がれています。彼はチンチラをペットとしても飼育していましたが、基本的には毛皮業界の大御所だったので、素晴らしい毛皮をつくるために、毛皮のブリーダーたちに資料を残していたのでしょう。チンチラの毛質は非常に繊細で、身体が健康で元気でないと毛質が悪くなります。毛づやよく、キラキラした毛皮を作るためにも、チンチラの健康管理は欠かせないのです。そのため、毛皮のブリーダーたちは、チンチラを病気にさせない、病気を治す、ということにも尽力してきま

した。商売であったからこそ、真剣に取り組まれたともいえるでしょう。そして、この資料は、毛皮ブリーダーから毛皮ブリーダーへ、そしてペットブリーダーへと受け継がれ、現代に残っていました。

この資料には、食事の管理、代表的な病気、飼育場の衛生管理、予防的なケアについてが端的にまとめられています。

食生活は、できる限りシンプルであることをすすめ、決して太らせてはいけないと強く記されています。牧草はチモシーやアルファルファなどを混ぜ、常時4種類くらいと、推奨されるペレットを与える。ペレットは24時間以内に消費されてしまうので、毎日与える。空腹にさせすぎないことにも注意を払っています。

代表的な病気には、腸内細菌叢の乱れと感染症について書かれています。ただ一番注目すべきことは、以下の文章です。

チンチラは、決して病気にならない動物ではありません。ほかの動物と同じように、彼らに感染する病気があり、それと闘うための準備が大切です。実際に病気が発生する前に、その病気についてよく知るべきです。ほかの繁殖者の人たちには、あなたのトラブルについて判断させない方がいいでしょう。彼らは彼らの過去の経験と比較して判断しているが、あなたのトラブルの原因が彼らが過去に経験したものと違っていれば、その原因を突き止める前に命を失ってしまうこともあります。適正な研究者か獣医師に依頼をするべきです。

これは、情報社会となった現代でも大いにあてははまることでしょう。症状や状況が似ているようでまったく違うことは多々あるのです。

飼育場の衛生管理に関しては、主にブリーダーに対する教えのため、一般的な飼育者にはあてはらない部分も多くありますが、以下の文章は参考になるでしょう。

ボトル式の場合は、不衛生にしておくとバクテリアがわくので、しっかりと消毒が必要です。群れの健康を守るためにはあらゆる備えが必要になります。新しい個体を受け入れる場合は、1ヵ月は群れから離しておくべきです。もしある個体に異常が見つかった場合には、すぐに群れから離し、自分でその対応をする前に適正な研究機関や獣医師に検査を依頼するべきです。

100年以上も前に、アメリカではすでに現在に至る適正な飼育の研究資料が伝承されていたことが、日本にとっては非常に驚くべきことかもしれません。

チャップマン氏が残したチンチラ研究資料の一部

データ提供：
Laurie Schmelzle

チンチラの心を知ろう

チンチラの喜怒哀楽

いままでお話しした通り、チンチラはとても頭がよく、感情豊かな動物です。つまり、生まれたときから心はいつも感じて動いています。喜怒哀楽はしっかりともち、とても敏感です。

人間でも動物でも遺伝子や血統で、その性質や物事に対する考え方はある程度決まってくることもありますが、チンチラは飼い主の接し方で感情のもち方もその表現方法も違ってくるでしょう。「こうすれば大丈夫」というようなやり方は、どんな方法があったとしても、やはりすべてはそこに愛があるかをチンチラは感じています。

悲しみや苦しみを見逃さないで

チンチラの喜怒哀楽のうち、こちらが感じとることが一番難しいものは、「哀」でしょう。喜びや楽しさは、身体中を使って表現します。怒りや恐怖も同じです。悲しみや苦しみだけは、ほとんど表現しません。もちろん、一緒に暮らしていれば「いま悲しそうだな」「なんか苦しそうだな」ということは伝わります。それでも、それはほんの一部しか伝わっていないことがほとんどなのです。そのため、この部分においては、飼い主がまずはそう感じさせない環境づくりや配慮が大切であるとともに、ほんの少しのそういった瞬間を見逃さないことです。その8割から9割は隠しています。「少しだから大丈夫」と思わずにすぐに対応してあげるべきできでしょう。

チンチラは常にポジティブ

チンチラは、補食される動物の中では、非常にポジティブな心の持ち主です。若いうちは常に前に進むことを望み、物事を前向きにとらえます。致命的な嫌なことをされない限り、ちょっとした決まり事をつくっておけば、すぐに機嫌は直りますし、多少気分が悪くても、体調を崩しても「大丈夫、大丈夫。すぐによくなる」と自分に言い聞かせてしまいます。もともと負の状態を隠す傾向がある中で、よりそれを自分でも否定してしまうので、よりわかりにくくなってしまいます。究極の状態にならない限り、明るさを忘れず、楽しいことを求めて、無理してしまいます。そのため、飼い主の観察や判断がとても重要な役割になってくるのです。そのくらい、ポジティブで楽しいことが大好きな動物です。

チンチラの身体を知ろう

Chapter 6
チンチラを
もっと知りたい

身体の特徴

お茶目なポーズをいくらでももっているチンチラですが、その生態はまだまだ解明できていないことが多いものです。それでも、齧歯目の動物として、草食動物として、チンチラとして、わかりやすい身体の特徴はあります。

体長や体重

顔と胴体の長さは、25〜35cmほど。丸まっていることが多いので、伸ばすと結構長さがあります。尻尾の長さは10〜25cmほど。大人の体重は、450〜900gほど。身体の大きさや長さ、骨格や筋肉の付き具合などで体重は変わります。体重だけで太っている痩せているの判断はできません。一般的に同じ血統の場合、メスのほうが大きくなる傾向がありますが、必ずそうなるわけでもありません。

目

さまざまな目の色のチンチラがいます。目の色によって視力や視野が変わってくるといわれていますが、視力は非常によいほうではありません。目が真横についているため、真正面は見にくくなっています。ただし、暗くてもわずかな光でものが見え、暗闇の中で敵を察知する能力には優れています。目をあまり動かさなくても視野はほぼ360度あります。目を動かさない習性は、敵に狙われたときに目の動きで目が光り、居場所を突き止められないようにするためです。あまりまぶしい光は苦手です。

耳

野生時に一番機能していたといわれています。とにかく細かい音や遠くの音を聞き分け、敵や気候から身を守っていました。顔を動かさずに耳だけを前後左右に動かして

目

耳

音を聞き分けることができます。耳介が薄いため、傷つけやすく、一度損傷してしまうと元に戻りません。耳にはほとんど毛が生えていません。耳で体温調節をしています。チンチラの体温は38度前後。体温がそれより上昇すると、そのとき耳が真っ赤になります。

鼻

目が横についているため、顔の目の前にあるものは見えません。そのためほとんどの場合、嗅覚を使って物事を判断しています。鼻はつぶれたような特殊な形をしていて、鼻孔に開閉できる弁があり、閉じたり開いたりできます。砂浴びの際に鼻に砂が入らないようにするためです。犬のように濡れているものではないので、湿っている場合は鼻汁など出ているので要注意です。

ひげ

肉厚の毛に覆われているため、本来の身体はとても小さいもの。ひげを使って通り抜けられる場所を判断したり、至近距離にあるものがどのくらい近くにいるかをひげを高角度に動かして触れて判断しています。ひげと周りのものを比較したり、ひげでものを判断することもあります。複数で同居している場合、短くかじられてしまうことがあります。チンチラはひげをしごくしぐさを頻繁に行ないますが、それだけひげをきれいにし、感覚の敏感さを保てるように大切にしているということなのです。

口と歯

あごがとても狭いので、口もとても小さいです。

歯は、すべての歯の歯根が開いたままの常生歯です。切歯も臼歯も一生伸び続けます。切歯4本、左右で前臼歯4本ずつ、左右で後臼歯4本ずつで全部で20本あります。切歯は産まれたときは白く、徐々に黄色からオレンジ色になります。象牙質で形成されていますが、エナメル質で補強されているため、噛みあわせが大切です。臼歯は牧草を食べることによってのみ摩耗しているので、牧草を食べなくなるとすぐに伸びます。臼歯の伸びが原因で全体の噛みあわせが悪くなり、切歯もおかしくなってきます。遺伝的に切歯が受け口になっている場合、全

鼻

ひげ

体の歯並びが悪くなりやすいです。もともとオレンジ色だった歯がまっ白くなった場合は、体調不良や栄養失調のサインです。

前足

指が4本。とても小さい指のような突起が脇に1本あります。甲はうっすらと毛で覆われていますが、裏は毛がなくプニプニした肉球のようなものがあります。そのうちの大きな二つのふくらみが親指のような役割をしています。爪は小さくかすかについている程度で、ほとんど伸びません。ものをもつことができるように、手のような機能があります。

後ろ足

指が3本。小さい指が横に1本ついています。甲はうっすらと毛で覆われていますが、足裏は毛がなくプニプニした肉球のようなものがあります。後ろ足は、前足と違って、ジャンプや着地に耐えられるように大きめです。また後ろ足全体は、ジャンプをするための筋肉がしっかりとつき長めです。爪は前足よりはしっかりとした作りですが、四角く人間の足の親指の爪のような形をしており、ほとんど伸びません。指の先端も肉球のようにプニプニしています。後ろ足の1本目の指の爪の上には、硬めの毛が生えていて、その毛を使って毛や皮膚をかいたりします。かかとはたこができやすいので、床材は衛生的に保ち、床材の材質やあまり高いところから思い切り降りることがないように気をつけましょう。悪化すると切れて出血し、歩くことも痛がるようになります。

生殖器

男の子は、陰部がペニス状になっていて肛門と離れています。睾丸があります。女の子は、陰部と肛門がくっついています。真ん中の切れ目が膣です。発情している時期は、膣口が開いています。また膣からはオリモノが出る場合もあります。チンチラの特徴としては、メスも陰部からオシッコをします。またそのオシッコをメスは武器にも使います。交尾を拒絶するとき、性別関係なく仲のよくないチンチラが寄ってきたときなどに立ち上がって、オシッコをかけます。また子ども同士がケンカをした際にも、ケンカをやめさせるためにかける場合もあります。野生時は、敵

前足

後ろ足

の目をめがけて顔にかけ、敵がひるんだ隙にさっと逃げていた可能性があります。そのため、人に対しても恐怖や威嚇を示すために、顔をめがける場合が多いです。

排泄物

　正常なフンは、黒〜黒茶色です。1cmほどの円柱状です。同じサイズのものが一日で相当量出ます。押してもつぶれない硬さです。サイズがまちまちであったり、通常よりも小さかったり、量が少なく感じる場合は危険信号です。チンチラは食べるためのフンをします。少しテカテカしていて、柔らかいものです。ほとんどが肛門に口をつけて食べてしまうので、なかなか見る機会がありません。もし落としたとしても、時間が経つと乾燥して通常の便と変わらなくなってしまうので見分けがつきません。これは盲腸便と呼ばれ、それを食べる行為を食糞と言います。盲腸便は、一度に消化吸収されなかったビタミン等の栄養分が含まれたフンで、それをもう一度食べることによって消化吸収するために行なわれます。

　尿は、黄色です。空気に触れたり、時間が経ったり、食べたものによって、オレンジ色だったり赤みがかったりしています。もともと水が少ない地帯に生息していたため、水の摂取量は少なめで、しっかりと体内で使用されるため、尿が濃くなりがちです。日本でペットとなったチンチラは、高温多湿の環境や固形フードを食べる習慣、ストレス過多などで野生時より確実に飲水量は増えています。

被　毛

　極寒から身を守るための一番大切な身体の機能です。とても分厚い被毛をしています。一つの毛穴から50本から100本ほど生えています。1本の長さは平均して3cm前後。長さはチンチラによって違います。毛穴から生えている量によって、毛が肉厚だったり、そうでなかったりします。しっかりと栄養を摂り、常に毛穴をきれいに保っていると毛量が増えます。生え替わりは3〜4ヵ月ごとに行なわれますが、もともとの毛量が多いために徐々に抜けているように見えます。季

生殖器

オス

メス

膣口が開いている発情期のメス

正常なフン

節の変わり目や温度差が激しいとき、暑すぎる時期などは体感がよくわからなくなり、一気に抜けるようなことがあります。それ以外は、緩やかに生え替わっていきます。毛量が多い子は、中のほうやお尻のほうへ抜け毛がたまっていくので、砂浴びを頻繁におこなったり、抜け毛をはらってあげるほうがよいでしょう。また敵から逃れるために、捕まえられた部分の毛を抜いて逃げる性質があるので、強く持ちすぎないように気をつけましょう。抜けた部分はきれいにはげてしまいますが、数週間でまた生えてきます。

皮膚

野生の環境での乾燥し過ぎを防ぐために、皮脂腺からラノリンという油が出ます。またラノリンは皮膚や毛を守り、汚れを付きにくくします。身体に余分となった油を除去するために、砂浴びをします。毛量が多いほど砂は細かいほうが中まで入っていくことができます。

尻尾

とてもフサフサしていて胴体の半分～同じくらいの長さがあります。毛質は身体全体とは違って、とても硬くしっかりしています。いわゆるガードヘアーで、密度は身体ほどではありません。毛があまり頻繁に抜け落ちることはなく、一度抜けてしまうと完全に生え揃うまでに時間がかかります。座る、立つ、走る、飛ぶといったときに身体のバランスをとったり、背部の危険を察知したり、仲間への警戒の合図を送ったり、感情を表現したりします。ひげと同じくらい繊細な役割があります。長さは、生まれつき短い子もいれば、親にかじられて短い子、とても長い子、丸まっている子、細い太い、毛が少ない多い、毛が短い長いなど、バリエーションはさまざまです。

寿命

寿命は、20年以上あります。ただし、病気を患う場合もあり、平均して10～15年くらいが多いでしょう。適正な繁殖で生まれ、遺伝性疾患をもたない子であれば、飼育環境、食生活、運動量をしっかりと整えてあげることが、病気にさせない身体づくりにつながります。

尻尾

丸まっている尻尾

チンチラの行動を知ろう

Chapter 6
チンチラを
もっと知りたい

チンチラのしぐさ

毛づくろい
身体をきれいにする。家族やペアですする場合は信頼の証しや愛情表現、お近づきのサービス

マスターベーション
オスが生殖器をくわえて伸ばす。自慰行為

てやんでい
鼻をふく行為

丸まって歩く
なにか気になっていることがあるが、警戒しているときの動き

ひげそうじ
リラックスするためや毛づくろいの一環

とびけり
楽しいときのテンションアップの表現であったり、怒りの表現であったりもする

空中とび
嬉しい、楽しい、喜びの舞

尻尾を振る
バランスをとるため。威嚇や警戒、発情や求愛などの興奮度の表現

チンチラの鳴き声

意 味	こんな声
呼びかけ	きゅー、みぃー、みゃー
おねだり	キュー、みゅあー
赤ちゃんがママを呼んだりママに応えたりする	ぴーぴー、きゅーきゅー、ぶいぶい
抗 議	がっ
警 告	ぶっ
怒 り	びゃ
警戒音	くーくーくーくっくっくっくーなど（高い大きい声で長く鳴く）
楽しい	小さい声でピヨピヨピヨピヨ
恐 怖	ぎゃ
悲 鳴	キー
求 愛	小鳥のさえずりのような声（尻尾を振りながら）
満 足	しゃっくりのような大きな声で何度も鳴く（交尾後またはマスターベーションの後）

チンチラの繁殖を知ろう

Chapter 6 チンチラをもっと知りたい

繁殖の前に

命が誕生するということ

　どんな動物でも小さい子どもは本当にかわいいものです。特にチンチラは、全身に毛も生えてしっかりと目も開いて生まれてくる"早成性"であるため、生まれた瞬間から大人のミニチュアサイズという可愛さを体感できる動物です。そのため「自分のチンチラのミニチュアを見てみたい」という思いだけで繁殖を考える方がどうしても出てきてしまうものです。実は、動物と暮らすものにとって『繁殖』という行為は、非常に危険で責任のともなう行為です。もし少しでも『繁殖』に興味を覚えたときには、"命をはって命をつくる"行為であることを、まず最初に心に強く刻んでほしいと思います。そして生まれてくる命の責任を持てるかどうかを先に考えましょう。「とりあえず生ませてから考える」はもってのほかです。また、生まれてしまってから「やっぱり飼えない」「思ったより大変だから里親を探す」というのも無責任です。計画性のない繁殖は絶対にやめましょう。

非常に長い妊娠期間

　"赤ちゃんを妊娠して赤ちゃんを産む"という行為は、人でもほかの動物でも非常に大変なことです。チンチラは、その生態や生息地の関係で、穴を掘ったり、木に巣をつくったりすることができなかったことから、生まれてすぐに親について歩くことができ、移動する親に隠れながら成長していくことが必要だったのでしょう。そのため、111日という長い妊娠期間を経て、お腹にいる間にほぼ大人と同じ身体のしくみを作り上げる必要がありました。この妊娠期間は、犬猫2ヵ月前後、うさぎ1ヵ月（巣を作る晩成性）、モルモット2ヵ月（早成性）と比べてみても、非常に長い期間です。1kgにも満たないチンチラが、約4ヵ月弱の間、がんばってがんばってお腹の中で赤ちゃんを育てるのです。それがお母さんになるチンチラの身体に負担がないわけがありません。

準備してのぞんでね！

繁殖にあたって

ママの命を優先すること

まず、ママとなるチンチラを決めたら、一番大切なことはそのチンチラが健康であるか、心も身体も元気であるかです。それをクリアできない限り、チンチラの繁殖はおすすめできません。過酷な妊娠なのです。少しでもママチンチラに不安がある場合は、繁殖をやめましょう。ママが亡くなってしまっては本末転倒です。

妊娠適齢期

メスの性成熟は4ヵ月から8ヵ月といわれていますが、性成熟=妊娠適齢期ということではありません。人間も生理が始まったからといって、妊娠適齢期ではないはずです。成長期に妊娠をしてしまうと、さらに身体に負担がかかります。自分の身体が成長するために摂取した栄養がお腹の子どもに全部とられてしまうのです。また精神的にも成長期であるため、妊娠期間中に不安定になりやすくなります。

身体がしっかりとできあがる1歳以上、2歳前後の妊娠が初産の適齢期といえるでしょう（チンチラのサイズや血統にもよります）。逆に、あまり年齢を重ねてからの初産もおすすめできません。産道に柔軟性がなくなり、難産になりやすくなること、病気を持っていたり、高齢すぎる場合は、妊娠自体に身体が絶えられない場合があります。

性成熟と発情の時期

女の子の発情期は、1ヵ月〜1ヵ月半に一度、数日間やってきます。場合によってはそれよりも早く、または逆にそれ以上の場合もあり、不定期の場合もあります。発情期は、膣口が赤くなり、ぷっくりと開きます。もちろん、わかりにくい子もいます。また、最初の発情期は、気が荒くなったり、喜怒哀楽が激しくなったりする子もいます。ほとんどの場合、はっきりとした変化が感じられないことの方が多いでしょう。

通年発情をするという説と北半球では11月から5月、南半球では5月から11月がシーズンであるという説がありますが、一般家庭で飼育されているチンチラにはあまり時期は関係なく、成長とその子の発情のタイミングによるものが多いです。女の子は発情期以外、交尾を受け入れません。

男の子の性成熟は、早くて3ヵ月、平均的には半年前後です。女の子と違い、いつでも精子はつくられているため、女の子さえ受け入れてくれればいつでも交尾ができます。通常は交尾行為がほとんどないものな

ので、自ら勃起したペニスをくわえ、マスターベーションをします。非常にペニスが長くなるため、初めて見た方は脱腸してしまったのではないかと勘違いすることがあります。それを見かけたら性成熟がやってきた合図でもあります。

カラーによる繁殖の決まり

チンチラは、遺伝子の組み合わせに決まりがあります。白同士、ベルベット同士の交配は致死遺伝子を生み出す可能性が非常に高いため、組み合わせが不可です。ベルベットの血統はすべて、ベルベット系との組み合わせを避けた方がよいでしょう。致死遺伝子とは、その遺伝子を持つ個体を死に至らしめる遺伝子のことで、その致死遺伝子の強さによって、生まれてくることができない、生まれてもすぐに死んでしまう、奇形である、障害がある、成長ができない、身体が弱い、寿命が短いなどの弊害が生まれる遺伝子のことです。

いますでに一緒に暮らしているチンチラに繁殖相手を探す場合は、組み合わせが可能かどうかを確認しましょう。特にベルベット系のチンチラと交配させる場合は通常であれば両親がベルベット系でないチンチラを選ぶべきなので、できるだけ血統のわかっているチンチラの方が安全です。白が少ないパイドやモザイクでも、見えている毛がたまたまそうであるだけで、遺伝子はホワイトの遺伝子を持っていますので、パイドやホワイトとの繁殖は避けます。

また、チンチラは、いわゆるラインブリーディング（系統繁殖）、インブリーディング（近親交配）はしてはいけません。

避けるべきカラーの組み合わせ

- ホワイト×ホワイト
- ホワイト×パイドまたはモザイク
- パイドまたはモザイク×パイドまたはモザイク
- ブラックベルベット×ブラックベルベット
- ブラウンベルベット×ブラウンベルベット
- ブラックベルベット×ブラウンベルベット等

（ベルベット系から生まれベルベットの遺伝子を持ち合わせたもの同士）

お見合いから出産まで

お見合いをしよう

チンチラはとてもハートフルで感情豊かな動物です。そのため、好き嫌いをしっかりともつことができます。特にペアになるときは、女の子が男の子を選ぶ傾向にあり、たいていの場合、女の子が男の子を受け入れてくれるかどうかが決め手になります。同居させ

たい場合には、相性をしっかり見極めましょう。新たにお迎えする場合は、専門店やショップの方に相談して、性格や相性をみてもらうこともよいでしょう。

お迎えしてからは、相性がよければすぐに一緒に入れることはできますが、まずはケージ越しに様子を見ます。ケージとケージを噛みつけない程度に離し、においをかいだり、手を出したりして、相手の様子をうかがえるようにします。そのまま、ケージ越しにケンカをしないようなら、お散歩を一緒にしたり、一時的にそばに寄せたりしてみましょう。

女の子が甘えるような声で鳴いたり、お尻をあげたりするようなら発情期がきている可能性がありますので、そっと一緒にしてみてもよいでしょう。ただし、相性が悪い場合、女の子が過敏な場合、男の子を執拗に攻撃して大ケガをさせたり、精神的または肉体的なストレスまたは物理的な致命傷によって男の子が死んでしまうことがありますので注意が必要です。

交尾が行なわれたサイン

交尾は一瞬で終わります。交尾が成功すると通常は半日以内に女の子の膣から「膣栓」という白っぽい細長い塊がでます。これは女の子の分泌物と男の子の精液や分泌物が混ざったものが固まって膣に栓をして精子が確実に受精するようなしくみをとるためのものといわれています。何度も交尾をした場合、いくつもの「膣栓」が落ちている場合もあります(ただし、一人暮らしの女の子でも、女の子だけの分泌物でも「膣栓」ができることがあります)。「膣栓」が落ちていても、確実に妊娠したということではありません。また、逆に

出たばかりの膣栓。
乾燥するともっと硬く、細くなる。

「膣栓」が見つからなくても交尾が成功していることもあります。

長年同居していても、交尾をしないペアや交尾を何度もしても妊娠しないペアもいます。どうしても妊娠を望む場合は、女の子が安心して出産できる環境であるかを見直したり、ペアを変えてみることも検討しましょう。ペアを変えてみても女の子が妊娠しない場合は、妊娠しにくい体質であったり病気の心配もありますので、無理に繁殖をすることは避けたほうがいいでしょう。

妊娠の兆候と出産の準備

妊娠1ヵ月くらいはまったく変化はありません。体重の増加もそれほど顕著ではなく、生活もほとんど変わりません。2ヵ月経つとお腹が少しずつかたくなり、重くなったように感じます。このあたりから体重の増加が始まっていきますが、毎日体重を量っていないと見た目にはまだまだわかりにくいです。エコー検査でどうにか赤ちゃんがうつるようになります。食欲はどんどんあがっていきます。

3ヵ月も経つとお腹は横に広がり、重みもしっかり出てきます。ただし、赤ちゃんが1匹で小柄なママの場合、この時点でもまったく気づかないこともあります。この時期は、厳

しい食事制限はやめ、牧草をよく食べさせながらできるだけ栄養のバランスがとれたチンチラフードをいつもより多めにあげましょう。栄養が足りないとママが出産前に弱ってしまうことがあります。

出産直前は、寝ていることが多くなり、その子によっては「フウフウ」いいだす場合もあります。そこから1週間前後その状態が続くので、予定日がはっきりわからない場合は、いつ生まれてもいいように心の準備をしましょう。また予定日がわかっている場合でも、早めに生まれてしまうことも遅くなることもあります。

日本での平均的な赤ちゃんの数は1〜3匹。4〜6匹はまれで、体格が大きくて血統的に子種が多い場合は、10〜12匹を産む場合もあります。また、出産トラブルを防ぐためにも、事前に受診し、妊娠が確定か、子どもは何匹かを確認しておくとよいでしょう。出産後に、ママがすぐに食べない場合は、子どもが残っていたり、身体になんらかの異変が生じている可能性がありますので、そんなときにすぐに受診できるためにも、事前に獣医師とコンタクトがとれているほうが安心です。

子どもが生まれる準備

出産直前は、ママも身体が重くなり、自分の思うように動けなくなることもあります。飛べると思った場所から落ちたり、通れなかったり、入れなかったりすることがあるので、ゆとりをもったレイアウトに変更してあげましょう。

生まれる子どもは想像以上に小さいです。チンチラ用のケージであっても、網目から抜け出してしまうものもあるので、その場合は小さめの網のケージを用意します。元気に生まれた子どもたちは見た目よりも活発です。網をよじ登ったりはしゃぎすぎて網に足をはさんだり、ママを追いかけてステージを登りすぎて落ちてしまったりすることがあります。また、ママの乳首が子どもたちが吸うために丸出しになってきます。お乳からの感染症や子どもたちの事故を防ぐためにも、床材やステージなどを清潔で安全なものにし、レイアウトも低めのほうがよいでしょう。

複数生まれる場合は、1匹目の羊膜をはがしてすぐに次の子を産む準備入ってしまうと、身体が濡れたまま放置されてしまい、冷えて弱ってしまうこともあります。季節に関係なく、生後10日前後くらいまでは、床置きのヒーターがあったほうがよいです。

大きめの砂浴び容器は出産直後は外しておきましょう。赤ちゃんが容器から出られなくなったり、砂を吸い込みすぎて気管や肺が弱ることがあります。

チンチラは、「分娩後発情」といって、

出産直後に交尾可能となる動物です。連続出産を避けるためにも、興奮したパパとママが激しく動き赤ちゃんが巻き添えにならないためにも、出産直前はパパは分けておく方が賢明です。出産2週間前くらいから出産に対する不安やイライラ、または身体を守る本能から、攻撃的になるママもいます。そのような兆候がみられた場合は、パパが攻撃される前に離しましょう。

身体中の力を使って行なう出産

　チンチラの出産のほとんどは深夜や明け方に行われるといわれていますが、家庭で飼育されているチンチラは体内時計がそれぞれ違うので、あらゆる時間に出産する可能性があります。しゃっくりのような動きの陣痛が始まると、破水が起こり、赤ちゃんが頭から出てきます。出血もしますので、ママの顔が血だらけになることもあります。頭や身体が大きかったり、逆子で産まれたりすると、ママは赤ちゃんを口で引っ張りだそうとします。その際に赤ちゃんの顔や耳、指にケガを負うことがあります。このときに手伝ってはいけません。逆に身体が切れてしまうことがあります。

　全部の赤ちゃんを産み落とすと、胎盤が出てきます。ママはその胎盤を食べて栄養にします。複数の赤ちゃんを産む場合の間隔は、5分から1時間程度ですので、それ以上時間がかかる場合は、難産になっています。ママがんばれるようならできる限り見守りますが、胎盤も出ずうずくまって力む様子がない場合、全員産まれて胎盤も出たけれどもぐったりしている場合などは受診するほうが安全です。出産の合間にもなにかをつまんで食べることもありますが、すっきりした顔で食事をモリモリ食べるようなら出産が終わったと思ってよいでしょう。

チンチラの子育て

意外に苦戦することも多い育児

　赤ちゃんは平均して35〜60gくらいで産まれてきます。赤ちゃんの数や血統によっても違うので、それ以下もそれ以上もあります。小さめでも肉付きがよければ問題ありません。1匹で産まれるほうが大きめな子になることが多いです。ママは一生懸命子どもの濡れた身体を舐めて乾かします。その後も口の回りやお尻を舐めてきれいにし、舐められることによって赤ちゃんは精神的にも穏やかになります。ママの愛情表現のひとつでもあり、赤ちゃんとのコミュニケーションでもあります。

　ママのお乳は3対から4対あるといわれていますが、お乳がしっかり出る部分は2カ所しかないといわれています。3匹産まれても4

匹産まれても、赤ちゃんをローテーションして上手に育てるママもいますが、たいていの場合は2匹以上の赤ちゃんが産まれると、お乳を十分に飲めずにケンカになったり、成長不良で亡くなってしまったりします。また、お乳の出が悪いと、赤ちゃんが強く吸ったり噛んだりするので、ママが痛がって、赤ちゃんを噛んでしまったり、威嚇したりすることもあります。その場合は、ママに栄養をたっぷり摂らせてあげながら、飼い主が赤ちゃんに人工でヤギミルクをあげるというサポートをしてあげる必要があります。

離乳と離別

　早成性のチンチラは、ほとんど身体ができあがって生まれてきますので、早いと生まれたその日からママと同じものを食べる子もいます。それでも十分にミルクが飲めていなければ、固形物がなかなか食べられません。もちろん手で持ったり口にしたりもしますが、しっかりとは食べていないものです。ママと一緒に牧草やペレットを食べ始めるのは生後1週間から10日くらいが標準でしょう。

　セオリー上は、生後6〜8週で離乳できるといわれていますが、いつまでもママと一緒にいたがる子が多いです。離乳＝独り立ちというわけではありません。精神的な成長のためにも、成長具合や自我の目覚め、自立心などを見極めながら、親と離していきます。大人になってもママに甘える子は少なくありません。どこでママと離すかは難しいところです。

　それでも、男の子の場合、生後3ヵ月で性成熟してしまう子もいるため、3ヵ月頃にはママと離すべきでしょう。もし途中でパパも一緒に暮らすようになった場合は、女の子も同じ頃に離すべきです。親子関係なく、性成熟をすれば、交尾をしてしまいます。チンチラは、近親交配による異常が高い確率で出やすい動物のため、どんなに仲がよくてもいずれ親子は離さなければなりません。同性の親子でも同居する場合は、複数でも走り回れるような大きなケージを用意するか、突然ケンカを始めたり、ママやパパが子どもに遠慮してストレスを感じ始めることもあるので、いつでもケージを分けられるように準備しておきましょう。

生後2週間の子ども

生後1ヵ月半の子どもたち

画像提供: マリン

チンチラベビーの成長過程

1 生まれて1日目の男の子(体重57g) カラー：シャンペン

2 4日目(62g)

3 7日目(73g)

4 10日目(86g)

5 16日目(106g)

6 22日目(128g)

22日目の男の子(147g)
カラー：ブラックベルベット

22日目の男の子(118g)
カラー：モザイク

23日目の女の子(118g)
カラー：バイオレット

左からそれぞれ1匹、2匹、3匹で育てられている子どもたち。
産子数によって成長速度に違いがあることがわかる。生後50日以降にはほとんど同じ体重になった

人工保育

　チンチラは、ママのお乳が3～4対あるといわれていますが、2つしか機能しないことがほとんどのようです。そのため、3匹以上の子どもが生まれると、争奪戦になります。

　また、1匹や2匹の場合であっても、ママのお乳が出ないこともあります。一日に体重が増加しないか減る場合は、お乳が足りていないことがあります（身体が小さい子などで体重増加が1～2gのゆっくりな場合もあります）。そういった場合は、飼い主が人工的に子どもにミルクをあげるという、人工保育をしなければなりません。人工ミルクはヤギ用のミルクを使用します。

　ママのお乳が出ない原因はさまざまなことが考えられます（妊娠中の栄養失調や体調不良、出産それ自体の負担、妊娠中や育児によるストレス、授乳が不慣れのためなど）。

　毎日子どもの体重を量り、減っていれば確実にお乳が飲めていない、1gや2gなど増加がゆっくりの場合はお乳の出が悪い、子どもたちのケンカがたえないようなら、全体的にミルクが飲めていないのです。

　もし生まれた直後にケンカが始まる場合は、すぐに子どもを分けて、時間を決めてローテーションでママに任せます。小さな子どもであっても、相手を殺してしまう場合があります。その際に、ママから離した方の子どもの身体が冷えないようにヒーターを必ず入れましょう。そして、人工的にもミルクをあげます。

　子どもの口は小さく、飲み込みもゆっくりで少量しか飲めません。慣れるまでは、舐める程度の量を少しずつ口の中に入れていきます。自分から吸いつくようになっても、その勢いのままに流し入れてしまうと誤嚥の原因になりますので気をつけましょう。子どもの誤嚥はすぐに肺炎となる可能性が高いので、非常に危険です。

　栄養失調や不慣れで授乳がうまくいかないママの場合、1週間もするとお乳が出るようになることがあります。子どもの体重の増加傾向をしっかり把握して、人工保育を続けるかやめるかを見極めましょう。

　ちなみに、生まれた日とその次の日では、生まれた日の方が体重が重い場合はあります。それは、体内にいるときは自動で栄養をもらっていたものが、突然自ら栄養を摂りにいかなければならなくなるので、体内でスムーズに十分栄養をもらっていた子は、体重が生後2日目に減ることがあります。

　元気に歩かない、目を開かない、毛がぱさつくなどの様子がおかしい場合は、未熟児や形成不全、体調自体が悪い可能性もあるので、早めに病院に相談しましょう。

2016年現在メインバーグのゴートミルクがチンチラに一番適しているといわれています

Chapter 6 チンチラをもっと知りたい

チンチラ海外事情

中国
比べものにならない認知度

中国におけるチンチラの認知度は日本とは比べものになりません。

日本よりも土地も人口も何十倍の中国では、ひとたびブームになるとその勢いは止まりません。チンチラも過去に熱狂的なブームがありました。その際に、中国各地にチンチラ専門店や小動物専門店が増え、チンチラの地位が確立されました。

日本とはまた違った意味で、見せ方にこだわっているお店が多いように感じました。きれいに見せるという意味では、アクリルやガラスケージが多く、床材もさまざまです。その展示方法が、チンチラの生活にあっているかといえば、そうでないものもありましたが、大胆な発想はとても勉強になります。

販売されているチンチラは、中国の大規模な国内ブリーダーが卸しているものから、ヨーロッパ、カナダ、アメリカと日本と似たような流通です。大きめの専門店では、常時50〜60匹ほどが展示され、バックヤードを含めると100匹ほどのチンチラがいました。

できる限りクオリティの高いチンチラを求める傾向にあり、身体が大きく毛並みがきれいなチンチラがよく売れているとのことでした。レアカラーになると、どんなに高くても即座に売れてしまうそうです。

ちなみに中国でチンチラは「龍猫（ロンマオ）」と呼ばれています。

現在では一時期の熱狂はひとまず落ち着き、ペットとしての小動物の確固たる地位を築いています。それでも、チンチラの飼育者数は日本の数十倍以上と想定されます。平均して5〜6匹のチンチラを飼育しているといわれ、1匹飼育の方が少ないそうです。その分、チンチラ用品の開発も日本よりはるかに進んでおり、日本では見ないような商品も多く販売されています。

また、中国ではチモシー牧草が手に入りにくいようで、チモシーが高価な用品の一つとされています。たしかに店内の商品陳列における牧草スペースはかなり小さいものでした。今後はチモシーの流通の確保に力

中国にはチンチラ専門店が多い

日本とは異なる見せ方へのこだわり

チンチラの大きなパネルが目立つペット用品展示会（北京）

を入れたいと専門店の方が語っていました。

中国での犬猫がメインのペット用品の展示会で私が一番驚いたことは、チンチラの大きなポスターがそこここに貼ってあり、会場のとても目立つ上空にチンチラのパネルがぶらさげてあったことです。日本の展示会では、チンチラ単体のポスターすら見たことがありません。それが、中国におけるチンチラの存在感を物語っているのでしょう。

香港
高温多湿でもその地位は不動

香港の気候は日本よりも湿度が高くとても暑いです。それでも、香港で一時期爆発的にチンチラがブームとなりました。いまやチンチラの地位は不動のものとなりました。これは、高温多湿な気候なゆえに、一年中エアコンをつけることが当たり前になっているからとのこと。

香港の街はほかの国に比べるととても狭く、居住空間も日本に似てあまり広くないことが多いため、犬猫と同等に小動物の人気が高いようです。

中国と違って、チンチラ単体の専門店はなく、うさぎ・チンチラ、うさぎ・モルモット・チンチラ、チンチラ・ハムスターなど、人気の小動物を網羅している小動物専門店が多くあります。うさぎは毛の長い種類が人気があり、その傾向でチンチラの人気も高いようです。

また香港の方は日本好きな方が多く、お店構えなども日本のお店に似ています。ただ、展示方法は中国に似て、アクリルやガラスを使用しており、什器や備品を中国から取り寄せるほうが安いようです。

香港は中国より国交がひらけているため、輸入用品も豊富です。なかでも日本の商品は安全で品質がよいということでとても人気があり、どれだけ多くの日本商品を揃えているかによっても顧客層が変わってくるようです。

また香港では、"〜通り"といった感じに同じ業種のお店が立ち並ぶストリート形式なことも大きな特徴です。そのため、激戦区となりますが、そのストリートで商売をすれば自然にお客様も多く足を運んでくれるといった利点があります。

香港の小動物専門店の看板

香港では日本製のペット用品が人気

香港のペットショップで展示販売されるチンチラ

販売されているチンチラの流通は日本とあまり変わりません。ヨーロッパからの輸入がほとんどですが、アメリカから輸入されたチンチラが人気があります。日本と違うのは中国からの安価な繁殖個体も多く入ってきているということでしょうか。やはり、大きくて毛足の長めなチンチラがよく売れているとのことでした。

欧米
頻繁に開催、チンチラショー

ブリーダー社会であるアメリカやヨーロッパでは、各地でチンチラショーが頻繁に開催されています。"ショー"は日本語では、"品評会"と表現します。

品評会に参加する方々は、主にブリーダーです。日本でブリーダーという言葉は、悪いイメージを持っている方のほうが多いかもしれませんが、本来ブリーダーとは、その動物種のエキスパートのことをいいます。その動物種を勉強、研究し、その動物種を適正な形で適正な繁殖をすることによって、後世に残すことを目的としてブリードしています。動物種にはそれぞれ身体の骨組みや形、カラーや毛並みなどの基準が設けられおり、それをスタンダードと呼びます。スタンダードは、その動物種ができるだけ健康にできるだけ魅力的に生きるための基準です。そして、そのスタンダードを確立していくために、またはスタンダードにできるだけ沿うために、日々ブリーダーは勉強し研究しています。その成果を見せる場、またその苦悩を理解してもらい評価やアドバイスを受ける場、それがショーであり品評会であるわけです。

また、ブリーダー集団は、それぞれがお互いを高め合い、チンチラについての理解や病気の予防なども日々勉強し、向上することを目的としています。また海外でそういった活動の中に必ず存在することが、子どもたちの教育です。子どもたちもチンチラを育てるという過程を通して、大人のブリーダーたちが命の大切さや動物と暮らす楽しさ、勉強する面白さを教えていくのです。そして、未来の担い手になっていきます。

そして、日々の勉強の成果やチンチラへの愛情の表現の場として、チンチラショーがあります。

チンチラショーとは

ショーは、カラーや年齢、性別でクラスが分かれます。カラーによっては、その濃淡でさらにクラスが分かれます。そして、同じカラーの1位を決めたあと、すべてのカラーの1位を決めます。

チンチラは、1匹ずつキャリーに入れられて審査台に登場します。身体にふれて審

チンチラショーで入賞したバイオレット

査することはありません。それは、審査員が触ることで毛並みが乱れたり、毛が抜けたり、手の油がついてしまうことを防ぐためが第一の理由です。

そして、室内の電気は消し、蛍光灯の光をあてて、チンチラの色や毛並みがよく見えるように配慮しています。キャリー越しに審査員は、目をこらしながらチンチラをひたすら見続けます。キャリーを持ち上げ、性別の確認や下からの全体像等も審査します。

審査員は、白衣を着用し、色つきの服を着ることが禁止されています。それは、服の色がチンチラにうつってしまい、正確な審査ができなくなるからです。

会場は、どこもよく乾燥し非常に冷えています。日本人にはコートを着ても寒いくらいの温度です。極上の毛並みを極上のままキープし審査するには、このくらいの温度が必要ということなのです。

チンチラのスタンダードは、骨太で身体に幅があり、首がつまっていて毛が肉厚であることが基本です。顔の丸さや目や耳の大きさはほとんど影響しません。

アメリカのナショナルショー（一年で一番大きなショー）で「最終的になにが決め手になるのか？」と審査員に質問すると、「決められないときもよくある。同じカラーでの審査では、身体の大きさが同じくらいの場合は、どちらの毛並みがいいか、もし毛並みがほとんど同じ場合は、身体の大きい方が1位になる。もし全カラーでの最終審査の場合は、そのカラーのスタンダードに一番近い色が出ているチンチラが1位になる」とのことでした。

ドッグショーでも、最終審査は、すべての犬種での1位を決めますが、どうして違う形を比べて1位を決められるのかと思う方もいると思います。審査員は出場者同士を見比べているのではなく、目の前の動物と頭の中のスタンダードによって審査されているので、種類が違っても1位を決めることができるのです。それはチンチラでも同じ。カラーが違ったり、身体の形が違ったりしていても、スタンダードにあてはめたときの基準で点数をつけます。そして、最終的にはその種の特徴がよりよく出ているのはどれかになるのです。

ブリーダーや来場者が審査を見つめる

白衣を着た審査員が真剣に討議

暗い室内で行われるチンチラショーのジャッジング

野生のチンチラを守る
"Save the Wild Chinchillas"

　1983年にチリ林野局（CONAF）によって国立チンチラ保護区が制定されて以来、野生のチンチラのほぼ半数は、フェンスで保護された地区に生息しています。そして残りの大半は私有地のため、物理的には保護されることのない土地に住んでいます。現在、チンチラの狩猟は法律によって禁じられており、「絶滅の危機にある動物の国際取引に関する条約（CITES）」によって守られています。しかし、残念ながら彼らの生息地は、ほかの草食動物の生活や、人間による木材・鉱石の採取によって破壊され続けており、その総数は減少し続けていました。

　保護区設定当初は、世界自然保護基金（WWF）やCONAFに援助されたさまざまな研究チームがチンチラの生態の観察や保護に関して動いていました。その中で、タンビチンチラを発見し、タンビチンチラの生息を確認したJaime E.Jimenez氏も調査プロジェクトチームとして動いていました。しかし、CONAFは1990年代前半に調査を打ち切りました。

　現在"Save the Wild Chinchillas"の代表であるAmy Lorraine Deaneさんは、1995年の1月頃、保護区における野生のチンチラについて学びました。そして同年の6月には彼女はチリへの渡航費用の助成を受け、チリ政府から保護区「Reserva Nacional Las Chinchillas」で過ごすための許可をもらっています。1997年に、まだチンチラの調査を行っていたJaime E. Jimenez氏と数人の研究者と知り合い、彼らと力をあわせて野生のチンチラを守るために、非営利団体の"Save the Wild Chinchillas"を設立しました。

　この団体の目標は、野生のチンチラたち

"Save the Wild Chinchillas"の啓発パンフレットより

をもう絶対に絶滅しないだろうという状況になるまでしっかりと活動をし、その確信を持つことです。そのためには、チンチラの生息地の状況が重要であり、地域の生態系の破壊を止め、復元が必要と考えています。チンチラの保護区域に1万本以上の原生の樹木を植え替えて、育ててきました。これは具体的には、種子の採取や、植物の栽培、苗木の植え替えなどを行ない、この山岳地帯に食物をもたらし、野生のチンチラたちの生活基盤を支えるということです。

現在、保護区は道路で分断されており、それもまたチンチラの群れが協力し合って生きることの妨げになっていると考えられています。また保護区以外生息地は主に炭鉱会社が所有している土地にあたり、発掘作業が行なわれたり、ほかにも犬や猫を飼育する民家やヤギ等を放牧する農家などが点在するため、保護区以外のチンチラの保護が非常に困難な状況にあります。それでも、"Save the Wild Chinchillas"は、周囲の協力を得られるように活動し、保護区ではない私有地の所有者からその土地における保護活動の許可ももらい、チンチラ保護を多角的に考えてて行動しています。

その活動を活発にするために、チリの国立公園や学校と連携して、地域の人々の啓発も行っています。科学的な論文から絵本のような教材まで、広範囲な教材を使用し、さまざまな分野のスペシャリストの国際的な協力を得て発信しています。身近に野生のチンチラを観察し、彼らや彼らの生息地を傷つけないこと、そしてサポートする方法について学ぶ機会を提供することは、野生のチンチラの保護においてとても大切なことなのです。

そして、私たちにすぐできることは、野生チンチラの子孫でもある今、目の前にいるチンチラを大切にすることでしょう。

"Save the Wild Chinchillas" の
啓発パンフレットより

日本での課題と期待

　日本におけるチンチラはまだまだ外来種であり、その立ち位置は不安定です。チンチラショーやブリーダーによる種の保存や質の向上ということよりも、いかに適正な流通や販売が行なわれるか、いかに適正な飼育が行なわれるかのほうが、日本に残されている大きな課題です。それに伴って、無理な繁殖や無理な流通をさせずに適正な飼養を心がける国内ブリーダーが増えることもチンチラを守る一つの方法でもあるといえるでしょう。

　ちなみに海外では犬猫のペットショップでの販売が禁止されている国が多いのですが、チンチラはまだペットショップで販売されています。ただし、海外は動物愛護団体の提案がその州や国に取り上げられることが多く、販売する側にも購入する側にも厳しい規制がある場合があります。例えば、購入する側に講習があったり、飼育ケージに最低サイズが決められていたりします。日本では、販売する側の規制は少しずつ進んでいますが、購入する側の規制は進んでいません。そのためには、飼育を始める前にも始めた後にも自ら勉強をしたり、講習会や動物病院などへ積極的に通う姿勢が大切になってくるでしょう。

　また、日本では、2014年に日本初のアメリカンチンチラ専門店「ロイヤルチンチラ」がオープンし、チンチラやチンチラの飼育方法が新たに脚光を浴びる機会となりました。2016年にチンチラと飼い主のよりよい生活を考えてサポートしていくチンチラ飼育研究会が発足しました。飼育のためのセミナーを開催したり、生活に必要な情報を収集してリストアップしたりする活動をしています。ほかに、2015年12月には、チラフェス実行委員会が日本で初めてのチンチラの感謝祭「第1回ジャパンチンチラフェスティバル」を開催しています。すべては、チンチラの地位向上や適正飼育の普及、業界全体の健全なる活性化を目指したもので、こういった活動に参加する、賛同することも、一飼育者としての知識の向上でありながら、業界全体の活性化にもつながり、チンチラにとって住みやすい社会を築き上げていく底力になるものでしょう。

第1回チンチラフェスティバルで会場を飾った、愛情のこもった愛チンチラの写真

PERFECT PET OWNER'S GUIDES

Chapter 7

チンチラの
健康管理

チンチラの健康を守るために

Chapter 7 チンチラの健康管理

チンチラを病気にさせないために

野生の暮らしを知る

　チンチラを病気にさせないためには、心身ともにストレスの少ない暮らしを保つことが大切です。日本で暮らすことそのものが、チンチラにとってストレスの多い生活であることを理解し、野生での暮らしや生態、習性を知って、できる限り快適な生活をさせてあげたいものです。

　野生のチンチラが寒冷乾燥地帯であるアンデス山脈の高地に住み、ときに氷点下になるほどの厳しい自然の中であることは108ページで紹介しました。そうはいってもチンチラが野生でどんなふうに暮らしていたのか、実感としてはなかなかつかめないかもしれません。それでも、日本の気候がどれだけチンチラにあわないものであるかは理解できるでしょう。チンチラを飼育するうえにおいて、大幅な寒暖差や高温多湿を避ける対策は不可欠なのです。

　野生での暮らしや生態、習性を知ることは、チンチラの環境づくりだけに役立つものではありません。食事についても同様です。野生での食性を知れば、わが家のチンチラに何か食べ物をあげようと思ったときに、その食べ物をあげてもいいのか、いけないのか迷ったときの判断の目安になるはずです。

お迎えしたチンチラにあった暮らしを作る

　ただし、野生にこだわりすぎてもいけません。お家に迎えたチンチラは、野生のチンチラそのものではなく、人と暮らすために代々繁殖されてきたチンチラです。氷点下の自然の中にいたからといって、寒い部屋で凍えながら暮らすようではストレスのない暮らしとはいえません。

健康のための10箇条
1. 温度管理をすること
2. 栄養管理をすること
3. 衛生管理をすること
4. 精神的なコミュニケーションをとること（チンチラの気持ちを知って思いやる）
5. 肉体的なコミュニケーションをとること（抱っこはできなくても身体にふれることができる）
6. 病気予防についての意識を高く持つこと（病気になると治療の難しい動物であることを理解）
7. チンチラを診ることのできる動物病院を見つけておくこと（病気になる前から、獣医さんとコミュニケーションをとる）
8. 運動をさせてあげること
9. チンチラについて飼い主がよく勉強すること
10. チンチラを毎日必ずよく観察すること

生態や習性は、チンチラの飼育の大切な基本情報です。その基本情報を元にして、自分のチンチラの個性に合った暮らし方を築いていきましょう。

「慣れ」と「耐えている」の違い

基本を知らないまま飼育を続けると、飼い主の都合や思い込み、チンチラの好みの方向に、暮らし方がどんどんずれていってしまいます。

たとえば——

- うちの子は丈夫だからケージをベランダに置いている
- うちの子は寒がりだから室温を28℃に設定している
- 牧草やペレットはあまり好きでなく、糖分の多いもの、チンチラ専用でないものを食べさせている
- うちの子は物怖じしない性格だから、大音量で音楽をかけていても平気　——など

これらはどれもチンチラにとってはおおいに問題があります。飼い主は、チンチラが受け入れていれば、「慣れたのだ」と思い込んでしまいがちです。

しかし、チンチラは「慣れた」のではなく、「耐えている」ことに気づいてほしいのです。こういった状況で暮らしているチンチラは、次第に心身ともにストレスがたまっていきます。いまはよくても徐々に身体が弱り、早死にしてしまうケースは多く見られます。

また、最近ではインターネットなどで、いろいろな情報を目にすることも多いでしょう。こうした情報を自分の参考にすることもあるかと思いますが、飼育の基本に戻って考えてみるようにしましょう。

普段からのコミュニケーション

病気にさせないためには、チンチラにとってストレスの少ない暮らしをさせてあげることが一番ですが、病気やケガを防げないときもあるでしょう。それでも、病気やケガに早く気づくことが大切です。

それには、普段からチンチラと積極的にコミュニケーションがとれていることが一番です。意思の疎通がはかれていると、普段と違う様子に早めに気づくことができます。早期発見によって軽い症状のうちに、対策を始められるでしょう。

また、コミュニケーションがとれていることで、不安でいっぱいのチンチラを精神的に支えることができます。飼い主とチンチラのお互いがあまり慣れていないと、病気やケガをしたときの看護が、かえってストレスになることがあるからです。

チンチラは体調が悪いと精神的にも落ち込むものです。厚い信頼関係が成り立っていればチンチラの不安な気持ちも安らぎます。

チンチラを病気やケガから守るため、病気やケガから早く回復させるためにも、飼い主はいつでも思いやりの心を持って、チンチラに接してあげましょう。

サプリメントについて

チンチラは、病気になってからの対策が犬や猫、うさぎなどに比べても、さらに難しい動物です。だからこそ予防が大切であり、丈夫な身体づくりが求められます。

基本的に、丈夫で強い身体は牧草を中心とした食事を摂ることでつくられていくものですが、人間と暮らすチンチラは、本来の野生における生活とは違ったストレスを抱えて生きていきます。だとしたら、丈夫な身体づくりの一環として、本来の食生活とは別の形での栄養補給を考えてみてもよいと思います。

それがサプリメント（栄養補助食品）です。

チンチラについては、まだ解明されていない部分も多いので、サプリメントはうさぎに準ずるような使い方をするのですが、チンチラと一緒に暮らしていると、体調の傾向がわかるようになってきます。

うっ帯を起こしやすい、軟便しやすい、関節が弱い、膀胱炎になりやすい、身体の毛が抜けやすい、皮膚病になりやすい、病弱である、などの体調の弱い面があるようでしたら、そこを予防するようなサプリメントを選んであげてもよいでしょう。

また、チンチラは草食動物です。胃腸を強くしておくと、消化吸収の機能が高まり、栄養が体中に行き届き、体の抵抗力、免疫力も高まります。

抜け毛の多い体質や、食べているのに痩せてしまうが、検査をしても特に原因が見つからないという場合も、お腹の中の状態が原因であることが多いものです。ストレスがかかりやすい、あるいは生まれつき胃腸が弱いチンチラは、食事だけでは栄養の吸収がうまくいかなくなっているので、サプリメントを導入することがあります。ただし、サプリメントは、決して薬ではないので、治療の効果を期待するものではありません。

チンチラと動物病院

動物病院を見つけておく大切さ

　チンチラの身体のしくみや病気は、同じ小型草食動物であるうさぎやモルモットに比べてもまだまだ解明が進んでいません。そのため、重い病気になってしまうと治療が困難で、高い確率で助けてあげることができないことが現状です。ワクチンやお薬による医学的な予防方法はなく、早期発見・早期治療、病気にさせない生活の仕方が大切になってきます。チンチラの年齢換算は小型犬と一緒といわれていますので、1歳で17歳前後、2歳で20歳前後。その後は1年が4〜5歳と考えると、せめて1年に1回は健診をするほうがよいでしょう。お迎えする前に、チンチラを診てもらえる動物病院を探しておくことはもちろんのこと、健診によって、獣医師に自分のチンチラを前もってさわってもらう、知ってもらう、普段の状態を把握してもらうということが、治療をスムーズにさせることが多いのです。

　動物病院を見つけるということは大変難しい作業ですが、不調に気づいてから探すのでは間に合いません。病気になる前に動物病院を探しましょう。そして、少しでもチンチラの様子がおかしいときは「もうしばらく様子を見よう」とは思わず、すぐに病院に相談しましょう。

動物病院の探し方

　お友達の紹介や口コミ、あるいは「エキゾチックアニマルの診察できます」とか、「うさぎ診療可」などとうたう動物病院に電話をかけてみましょう。問い合わせ時は単にチンチラを診てもらえるかどうかを尋ねるのではなく、「奥歯が伸びてしまったときに切ってもらえますか？」、「お腹が張ってしまったときに治療してもらえますか？」などと具体的に質問したほうが獣医師も答えやすいと思います。チンチラが元気なうちに、いくつか動物病院へ健診に連れて行って、獣医師と話し、質問したときの答えを聞いて判断してもいいでしょう。実際に話してみると、自分と獣医師との相性や、病院内の雰囲気もわかると思います。

動物病院に連れていくには

　元気なうちに健診に連れていくときは、50ページで紹介したキャリーなどに入れて連れていきます。特に電車での移動時、動物病院での待合室で長く待つときなどは、チンチラを必要以上に人目にさらさず、緊張させすぎないような形で連れて行きましょう。温度差を防ぐためにもできるだけカバーをつける、バックに入れるなど、何かで覆ってあげましょう。

　動物病院によっては、待合室で犬の鳴き声を聞くこともあり、動物の鳴き声を恐がるチンチラであれば、建物の外で待つことにもなりますので、外気温にも気をつけなくてはなりません。夏だったら暑さ対策、冬だったら寒さ対策をして訪れましょう。特に、もうすでに病気になっているのでしたら、保温対策を忘れずにしてください。

　チンチラを診てもらえる動物病院が見つかった後、実際に病気になって動物病院を訪れる際も、事前に電話をしてから行くほうがその後の診察がスムーズに進みます。予約が必要な病院とそうでない場合がありますが、どちらにしても、事前に電話をして、名前と動物種がチンチラであることを伝えておきましょう。

積極的な姿勢も大切

　診察中は、こちらから積極的にコミュニケーションをとろうとする姿勢で臨みましょう。飼い主が受け身でいると、あまり充実した診察時間になりません。聞きたいこと、不安に思うことは前もってメモにしておきます。診察室に入ると飼い主も緊張します。重要な事柄を話しそびれることも考えられます。

　最近では、手軽に写真や動画を撮ることができますから、獣医師にこうした画像を見せながら症状を説明することもよいでしょう。

　病院の診察室では、チンチラも緊張で興奮してしまい、痛い箇所を触診されても反応しなかったり、反対に元気よく診察台の上を歩き回ったりします。こういう様子を診て「何ともないようだね」と獣医師が言うようでしたら、飼い主がきちんと説明しましょう。また、フンを持参して見てもらうのも、診察の手助けとなります。

　診察中の先生の話や処方された薬についてメモすることを習慣づけましょう。動物病院に通うことが多くなったときは、自分の勉強と先生への報告も兼ねて、動物病院ノートを作ってみることをおすすめします。

　犬や猫と違って、治療がスムーズに進まないことも多いので、いつも勉強する意識と積極的に説明する姿勢が必要な動物であることを心得ていてほしいと思います。

チンチラの看護

Chapter 7
チンチラの
健康管理

看護の心構え

　病気になったときの治療は、病院へ行く、診察をする、検査をする、薬をもらう、薬をあげる、ということだけではありません。飼い主がどれだけ一生懸命それ以外の時間を一緒に快適に過ごすかということが重要になってきます。そのためには、通院のストレスをできる限り軽減させる、在宅での療養をできる限り快適なものにする、自宅での様子をきちんと観察する、少しでも変化があったらすぐに病院へ報告する、または通院する、食事を自ら摂れないようならすぐに対処するといったことが必要です。

　病気をすると、だいたいの動物は体温が下がってしまいます。そのため、普段は暑くなりすぎないようにと気をつけるチンチラでも、暖めた方がよい場合があります。隙間風などがないようにすることはもちろんのこと、ケージ内のレイアウトを見直したり、飼い主が観察しやすい、コミュニケーションがとりやすい目の高さにケージを移動したりすることも、よりよい看病につながります。ただし、病気で過敏になっている場合や高齢の場合は、急な変化はかえって危険になることがありますので、徐々に行ないましょう。また同居しているチンチラがいる場合、病気の種類によってはケージを分けます。病気になると気弱になって、仲良しだったチンチラとケージを分けたことで気落ちしてしまうこともあるので、飼い主がその代わりになるようにいままで以上に声をかけたり、そばにいてあげることが必要でしょう。病気が重かったり、闘病が長く続いて精神的にも元気がなくなってしまっている場合は、飼い主だけが頼りです。自分が精神的に不安定だったり、落ち込み気味だったり、病気をしてしまったり寝込んでしまったりすると看病が行き届かず後悔をすることになりますので、チンチラを迎える際には自分の心身の健康管理にも自信が持てるように気をつけましょう。

【看護に役立つグッズ】

● 流動食（粉末フード）

● 介護用経口補水液の素

● 吸水性のよいマット

● 投薬にも使えるスポイト

● 流動食を与えるためのシリンジ

チンチラの健康チェック （文：角田 満）

Chapter 7
チンチラの健康管理

チンチラの内臓

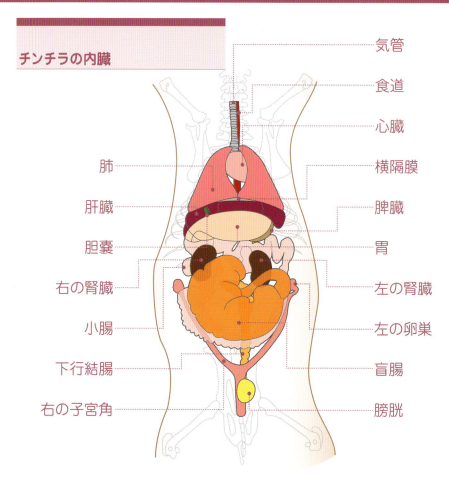

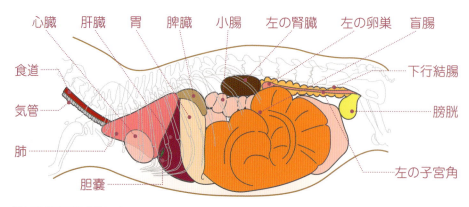

健康チェックのポイント

目
- 目やにが出ていないか
- 目がしょぼしょぼして開けづらそうでないか
- 瞼が腫れていないか
- 白くなっていないか

鼻
- くしゃみや鼻水が出ていないか
- フケが出ていないか
- 毛が抜けていないか

耳
- フケが多くなっていないか
- 耳の中に耳垢が多量に入っていないか

皮膚・毛並み
- ごわごわしていないか
- 毛玉ができていないか
- 脱毛、フケは出ていないか

口
- 前歯が噛みあっているか
- 前歯は黄色、またはオレンジ色か
- 顎の下が濡れていないか
- 食べ物を食べようとしてすぐあきらめて捨ててないか

四肢
- フケが出ていないか
- かかとがすりむけて腫れていないか

生殖器
- ペニスに毛が絡まっていないか
- 陰部から白くてにおう液体が出てきていないか
- おりものが多くないか

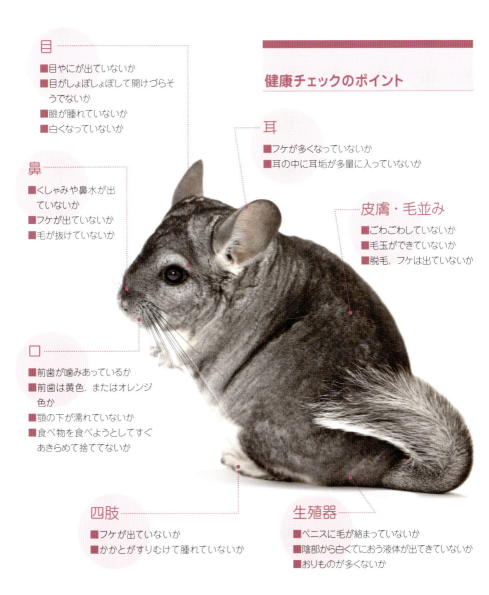

呼吸
- 荒くないか、お腹の動きが大きくないか

体重
- 減ってきていないか
- 成長期や妊娠でないのに体重が増えていないか

排泄物
- 量が少なくないか
- 軟便でないか
- 小さくはないか
- ゼリー状の粘液が出ていないか

尿
- 血が混ざっていないか
- 尿が出ているか

「正常」を知って早期発見につなげよう

チンチラは、もちろん言葉で体調が悪いことなどを態度に出しません。私たちが気づけるようにしましょう。日々の健康チェックが重要ですが、何よりも重要なのが「正常なこと」を知ることにつきます。「正常」でないことに気がつくことが「病気」の早期発見につながることが多いです。元気なときであるからこそ身体をしっかり見ておくことで変化に気がつくことができるものです。わからないことがあった場合には動物病院を受診しましょう。

毎日のお世話の中での健康チェック

特に糞便の出ている量や形は毎日のお世話の中でしっかりと確認しましょう。ごはんを食べているかどうかを確認するのは案外難しいものです。ペレットなどの副食は減っていることで確認がしやすいかもしれませんが、牧草は減っているかが確認しづらい食べ物です。食べきる量を与えるのではなく、余るぐらいに与えるものなのでなくなることは基本的にありません。減っていると思ったら散らかしているだけのことも多くあります。食欲が低下している場合には糞便の量は減ると考えましょう。また、食べていても糞便の量が少ない場合には便秘なども疑われます。

毎日同じ時間にお世話をすることで量などに関しては気がつくことができるでしょう。1日2回のお世話をおすすめします。朝にフンが多い、などその子の1日のリズムがわかります。便秘が起こっている場合には早く気がつくことができ、早期発見につながります。

毎日に取り入れる健康チェック
- □なにが「正常」かを知っておこう
- □お世話をしながら糞便の量や形をチェック
- □ごはんの減り具合をチェック
- □毎日同じ時間にお世話をしよう
- □その子の1日のリズムを知ろう

よろしくね！

チンチラに多い病気 （文：角田 満）

Chapter 7 チンチラの健康管理

歯科疾患

　チンチラはウサギ、モルモット、デグーなどと同様に切歯（前歯）、臼歯（奥歯）ともに常生歯と呼ばれ、生涯歯が伸びます。切歯が上下2本ずつ、臼歯が上下8本ずつの合計20本ありますが、切歯は1週間で2.4〜3.0mmも伸びます。チンチラの切歯の前側はオレンジ色をしており、幼齢期には色が薄かったり、白かったりします。この色のついた部分はエナメル質と呼ばれる部分で、人の歯などでは見える部分全体がエナメル質で覆われていますが、チンチラなどではこれが前側にしかないのが特徴です。

臼歯不正咬合

▶どんな病気？

　臼歯が十分にすり減らないことで起こります。伸びた歯が口の粘膜に傷をつくり、痛みから食欲不振に陥ります。食欲不振の状態が続くことで、低栄養状態や腎不全、鼓腸症になってしまうことがあります。軽度な不正咬合ではあまり症状がないことも多く、一般的に牧草などの咀嚼を多く必要とする食べ物を最初に食べなくなることが多いです。ペレットは食べるけれども牧草を食べない、といった場合には不正咬合を起こしている可能性があります。しかし、牧草などは食べ散らかし、実際に食べている量はわかりづらいものです。わからない場合には体重を量ったり、糞便を確認しましょう。食べている量が少ない場合には糞便は小さく少なくなります。

　また、よだれが多く出ていることも不正咬合のサインであることが多くあります。顎の下や手の内側が濡れているように毛がまとまっている場合にはよだれが出ている可能性があります。よだれの出ている口で毛づくろいするので、毛並みが悪くなります。

　噛みあわせが悪くなった臼歯の歯根が伸びてしまい、顎の骨から飛び出してしまうことがあります。特に症状を出さないことも多いですが、感染を起こすと化膿してしまう危険性があります。

▶治療法

　伸びた臼歯を短く削り、本来の歯並びに近づけます。一般的には全身麻酔をかけて治療を行ないますが、腎不全などで全身麻酔に耐えられないようなケースではニッパーのような医療用歯科器具で、臼歯の伸びた部分をパキッと折るように切断します。この処置は伸びている部分が細く鋭く伸びている部分にしか使用ができません。また、一番後ろの臼歯が奥に伸びているようなケースもあり、この場合には全身麻酔でないと非常に困難です。

　全身麻酔で処置を行なう場合には、医療用の歯科器具を使用して、削り、整えます。麻酔をかけない場合と比較をして、麻酔で口の力が抜けるので歯の状態を細部まで確認することができます。

　治療を行なっても口内炎がなかなか治癒しなかったり、感染を起こしている場合には、消炎鎮痛剤や抗生物質の投与を検

討します。

　また、食欲が改善するまでは流動食などを使用した強制給餌により食べ物を与え、体調を整えましょう。

▶予防法
　チンチラが本来生息をしている環境ではシリカを含む非常に硬い草を食べて暮らしています。私たちが与えている牧草は本来食べているものよりも柔らかいということになります。特にペレットは咀嚼の必要があまりなく食べられてしまうものなので、牧草をしっかり与えるようにしましょう。

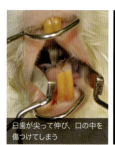
臼歯が尖って伸び、口の中を傷つけてしまう

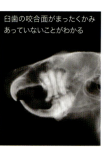
臼歯の咬合面がまったくかみあっていないことがわかる

切歯不正咬合

▶どんな病気？
　ケージの金網など歯よりも硬いものをかじって切歯の噛みあわせが悪くなることがあります。口の中に巻くようにして長くなることがあり、外見からは異常に気がつくことが難しいことも多くあります。切歯はもともと食べ物を口の中に入れられるように細かくする役割があります。食べ物を口元に運んでもあきらめてしまったり、口の中に入れられる小さなものばかり食べる場合には注意しましょう。また、臼歯不正咬合になると切歯まで不正咬合となることがあります。

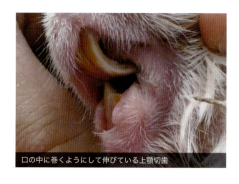
口の中に巻くようにして伸びている上顎切歯

▶治療法
　医療用の歯科器具で歯の伸びた部分を切ります。一度不正咬合となると改善は難しく、定期的にカットをする必要があります。切歯を自宅でニッパーを使用して切る方法などがインターネットなどで見受けられますが、顎の骨が折れたり、歯根を化膿させる危険性があります。チンチラにまったく優しくありませんので、決して行わないでください。

▶予防法
　ケージをかじりたがる場合は、木製の柵などで金属部分をかじれないようにします。かじりたがる理由を考え、対処しましょう。

齲歯と歯周病

▶どんな病気？
　齲歯とは口腔内の細菌が糖質から作った酸によって、歯質を溶かしてしまう病気をいいます。いわゆる虫歯です。歯周病は齲歯や歯根の過長により、歯と歯茎の間に細菌が感染し、起こります。
　齲歯は、繊維質の少ない食餌や糖質の含まれるサプリメントなどの給餌により起こることが考えられています。ある研究では飼育されているチンチラのうち63%で歯周病、

52%が齲歯であったという報告もあります。

口臭がひどかったり、よだれが多く出る、歯ぎしりや口の中を痛がるようなことが見受けられた場合には動物病院を受診しましょう。

▶治療法

なかなか治るものではなく、根気のいる治療となります。細菌感染に対しては抗生物質を使用します。歯周病を起こしている場合には痛みを伴うことも多いため、消炎鎮痛剤などを使用します。

また、同時に臼歯の不正咬合を起こしていることが多く、不正咬合の治療を行なうことで症状が軽減されることもあります。

▶予防法

繊維質の少ない食餌や糖質の含まれる副食などを多く与えることで起こると考えられていますので、牧草をしっかり与えて、糖質の多い副食は量をある程度制限して与えましょう。

消化器疾患

下痢

さまざまな原因で下痢を引き起こします。下痢を引き起こす前に水気の多い、表面が艶やかな軟便をすることが多いので、そういったフンが多くみられるようになったら動物病院を受診するようにしましょう。その際にはなるべく新鮮で乾燥していない糞便を乾かないようにラップなどに巻いて持っていくとよいでしょう。時間が経ち、乾燥した糞便では、ジアルジアなどの寄生虫疾患をみつけられなくなってしまうことがあります。また、食餌の変更を行なっていないかなど、給与している内容をまとめておきましょう。

また、いくつかの感染症はヒトにも感染を起こすことから、掃除の際にはマスクなどをし、掃除の後は必ず手を洗うようにしましょう。

飼育の問題による下痢

▶どんな病気？

食餌内容が不適切であったり、急激な暑さ寒さ、寒暖差、ストレスによって起こる場合があります。餌を不適切に管理をすることで真菌が繁殖してしまった牧草や野菜の過剰摂取、糖質、レーズン、ナッツなどのおやつの多給は下痢を引き起こしかねません。

▶治療法

適切に管理した繊維質の多い適切な食餌を与えましょう。

感染性の下痢

感染を起こすような下痢は、ジアルジア、クリプトスポリジウム、緑膿菌、腸炎エルシニア菌、肺炎桿菌（かんきん）、リステリア症、ナナ条虫、酵母菌などが挙げられます。

ジアルジア感染症

▶どんな病気？

報告によって異なりますが3〜6割のチンチラがもっているといわれている寄生虫です。ストレスやほかの病気にかかっているときなどの免疫力が低下しているときに症状が出ることが多いようです。

*Giardia duodenalis*はヒトにも感染をするので、軟便を確認した場合にはケージの清掃時はマスクなどを着用しましょう。

▶治療法

　メトロニダゾールやフェンベンダゾールと呼ばれる駆虫剤を使用するのが一般的です。メトロニダゾールはまれにチンチラに肝毒性を起こすことがあるといわれています。治療開始後に食欲の低下が確認された場合には、下痢によるものなのか薬によるものなのか、動物病院で診てもらって治療法を検討しましょう。また、下痢により水分が出てしまい、脱水症状を起こすことから点滴を実施します。

チンチラはさまざまな理由で下痢や軟便をする

▶予防法

　一度ジアルジア症を発症しているチンチラは再発をすることもあります。季節の変わり目など体調変化を起こしやすい時期の軟便は注意しましょう。また、ジアルジアは糞便から感染をするために、同居のチンチラがいる場合には、軟便が確認された時点で生活環境を分けたほうがよいでしょう。

そのほかの寄生虫性下痢

▶どんな病気？

　クリプトスポリジウムと呼ばれる原虫が胃、小腸、結腸の粘膜に存在し、感染により腸絨毛が萎縮し、重篤な下痢の原因となることがあります。

　非常にまれですが、ナナ条虫と呼ばれるサナダムシの仲間が小腸の腸絨毛に住み着き成長し、下痢や腸重責の原因となることがあります。

▶治療法

　クリプトスポリジウムに関する治療法は確立されていません。ナナ条虫には駆虫薬を使用します。ほかの下痢と同様に脱水症状を起こさないために積極的に点滴を実施します。

腸性毒血症

▶どんな病気？

　動物の消化管内には、良い菌から悪い菌まで、さまざまな細菌がバランスを保って住み着いています。チンチラの消化管内にはグラム陽性菌を中心に多様な細菌が住んでいます。ところが一部の抗生物質を使うと、グラム陽性菌が死滅してしまい、クロストリジウム属が増殖をしてしまいます。このクロストリジウム属のうちA型と呼ばれる細菌が産生する毒素が、消化管粘膜を壊し、重度の下痢となり、食欲不振、腹痛となり、命を落としてしまうことがあります。

　この症状を引き起こしやすい抗生物質は、ペニシリン系、セフェム系、マクロライド系、テトラサイクリン系、リンコマイシン系、ス

トレプトマイシンなど多数あります。安全に使用ができる抗生物質として、ニューキノロン系、サルファ剤、クロラムフェニコールがあります。ドキシサイクリンは上記のテトラサイクリン系ですが、比較的安全に使用ができます。

▶治療法

下痢に伴い、脱水状態となってしまうため、点滴を行ないます。消化管蠕動運動を正常に戻すため、胃腸蠕動運動促進薬を使用します。本来の腸内細菌の状態に近づけるために、健康なチンチラの糞やヒト用の生菌ヨーグルト、乳酸菌製剤などを食べさせることもあります。

▶予防法

チンチラに危険な抗生物質を飲ませないことが一番です。飼い主が自己判断で抗生物質を投薬するのは非常に危険です。獣医師の処方にしたがって内服させましょう。安全とされる抗生物質でも軟便や食欲不振を引き起こすことがあります。そのときには獣医師にすぐ相談し、休薬するべきか相談をしましょう。

腸重積(じゅうせき)

▶どんな病気?

肛門から腸が出ていることで気がつきます。下痢などによる「しぶり」行動に続発して起こることが多いですが、糞便が良い状態でも突如起こることもあります。腸重積とは、腸が重なり合ってしまう病気で、チンチラではこの重積した部分が肛門から出てくることが多いです。肛門から腸が出てくる病気に直腸脱がありますが、これはほとんどありません。

▶治療法

出ている部分を戻すことで治るように感じてしまいますが、実際のところは肛門から遠い部分から重積を起こしていることが多いため、早急な開腹手術が唯一の治療法となります。開腹手術により重積した腸を元に戻します。発生から時間が経つと重積をした腸が血流不足から壊死をしてしまいます。壊死した部分は切除をしなければなりませんが、体へのダメージが大きく、予後は悪いものとなります。腸が出ていることをみつけたら早急に動物病院に連れて行きましょう。

便秘

▶どんな病気?

チンチラは便秘を起こすことが多くあります。原因となるのは繊維質の不足した食餌を与えることや脱水、環境のストレス、腸閉塞、肥満、運動不足、毛玉、妊娠などさまざまな原因により起こるといわれています。便秘が起こる時には細くて短い便、臭い便、血液が混じった便などがあると注意です。

▶治療法

点滴で脱水症状を改善させながら、胃腸蠕動運動促進薬を使用します。便秘に伴い鼓腸症を起こしている場合には痛み止めなどを併用します。

▶予防法

よく運動させ、繊維質の多い食餌を与えましょう。

鼓腸症

▶どんな病気?
　胃腸にガスが貯まり、お腹が大きく膨れてしまう病気をいいます。主に急に食餌内容を変化したり、過剰に食餌を摂取した場合、環境的・精神的ストレス、胃腸の不動で起こります。また、子育てをしている母チンチラは産後2～3週目ぐらいに低カルシウム血症を引き起こしやすく、これにより発生することもあります。症状として、お腹が大きく膨らんでいることが確認され、お腹が張っていることから気持ちが悪そうに体勢を何度も変えます。また、よだれが出ていることもあり、不正咬合と間違われることもあります。

鼓張症により、胃腸にガスがたまっていることがわかる

▶治療法
　基本的には胃腸蠕動運動促進剤や消泡剤、点滴などを併用しながら治療を行ないます。それでも改善なく、お腹の膨らみによって呼吸が荒くなってしまうようなケースでは、全身麻酔下でチューブを使用し、胃の中のガスを抜きます。低カルシウム血症に陥っている場合には、カルシウム剤を注射で補い、治療します。

▶予防法
　繊維質の多い食餌を与え、おやつ類は多く与えないようにしましょう。環境整備、ストレス軽減、運動を心がけます。

感染症

エルシニア症

▶どんな病気?
　エルシニア菌は回腸、盲腸、大腸に障害を与え、腸炎を引き起こします。肺、脾臓、肝臓でも増殖し、命を落としてしまいます。
　症状としては食欲低下、元気消失し、過剰な唾液が出たり、便秘や下痢を引き起こし、突然死することがあります。

▶治療法
　テトラサイクリン系の抗生物質を投与します。症状が激しい場合は適切な治療を行っても助からないことが多いです。

▶予防法
　野生の齧歯類からの感染が危険視されますので、糞便などとふれあうことのないようにしましょう。

クレブシエラ症

▶どんな病気?
　肺炎桿菌と呼ばれる細菌による感染症です。
　食欲不振、呼吸困難、下痢を起こし、死亡してしまいます。症状が出てから約5日で死亡することが多いとされています。
　肺炎桿菌は、肺、胃腸、腎臓など多数の臓器に感染します。

▶治療法

　抗生物質を投薬し、治療を行ないますが、比較的死亡率の高い感染症のため、早期の治療が重要でしょう。

▶予防法

　感染の疑われる動物と離すようにしましょう。

ヘルペスウイルス感染症

▶どんな病気？

　ヒトで口唇ヘルペスとも呼ばれる単純ヘルペスウイルス1型がチンチラに感染しさまざまな症状を示すことが知られています。進行性の中枢神経障害を起こし、見当識障害、痙攣発作、横たわってしまう脱力発作などを起こします。ほかにも結膜炎、瞳孔が開く、ぶどう膜炎、化膿性鼻炎などさまざまな症状を示します。また、突然死を引き起こすこともあります。

　感染は、ウイルスを持つヒトから目に感染を起こし、全身的に症状を示すものと考えられています。ウイルスは、副腎、脾臓、肝臓といった臓器も障害を与えることが分かっています。

▶治療法

　治療法は特別なく、対症療法を行ないます。

▶予防法

　このウイルスは人間も感染していることが多いものであることから、チンチラを隔離することで予防することなどは難しいでしょう。

緑膿菌

▶どんな病気？

　緑膿菌とは生活環境中にも存在する菌のひとつで、臨床症状のない健常なチンチラからもみつかります。初期症状として、結膜炎が挙げられます。食欲不振、体重減少、嗜眠（しみん）、糞便の減少を引き起こします。そして、腸炎、肺炎、中耳炎や内耳炎、子宮内膜炎、乳房炎、流産、骨軟骨炎などを引き起こすとされています。これらが進行をすると神経症状を示し、敗血症により命を落としてしまいます。

▶治療法

　薬剤感受性試験を実施し、適切な抗生物質を使用します。しかし、緑膿菌はバイオフィルムと呼ばれる抗生物質から守る膜を作り、そこで増殖をすることがあるために反応が悪いこともあります。

▶予防法

　緑膿菌は水飲みなどで増殖し、感染を悪化させると考えられているために、飲料水は新鮮にしておいたほうが良いでしょう。

神経疾患

発作

　チンチラはさまざまな理由でてんかん発作のような症状を起こすことがあります。「てんかん発作」とは、脳そのものに原因があるものをいいます。チンチラでは脳炎

の報告が多いようです。ヘルペスウイルス感染症、リステリア症、リンパ球脈絡髄膜炎、脳脊髄線虫症などが報告されています。

ほかにも鉛を食べてしまうことで中毒を起こすと痙攣発作を起こし、視力を失ってしまうことが報告されています。早急に動物病院を受診し、治療を受けましょう。

斜頸

首が斜めに傾く状態を斜頸、もしくは前庭疾患といいます。主に脳が原因となる中枢性前庭疾患と中耳炎などが原因となる末梢性前庭疾患に分けられます。

中枢性疾患としては、リステリア感染症やヘルペスウイルス感染症や、日本での報告ではありませんが、北米産のチンチラではアライグマ回虫が脳に寄生することで起こる脳線虫症が報告されています。斜頸や麻痺を起こすようです。

中耳炎

▶どんな病気？

鼓膜の奥にある中耳に細菌感染を起こす病気で、首の傾く斜頸や頭が揺れたり、顔面神経麻痺などを起こします。細菌感染は、外耳炎から鼓膜を破り中に入り込むケースと、呼吸器感染症から耳管を通り感染を起こすものがあります。

レントゲン検査で鼓室胞と呼ばれる部分に膿が貯留している可能性が示唆された場合や、外耳から耳だれのように膿が確認されることで診断されます。

首が斜めに傾く斜頸（前庭疾患）。中枢性と末梢性がある

▶治療法

抗生物質の投与を行ないます。細菌感染が進行し、周囲に悪影響を与えることで内耳炎や髄膜脳炎を起こす場合には予後は悪いものとなります。

▶予防法

チンチラの耳は大きく、比較的耳の中が見やすい動物です。定期的なチェックの時に耳の中に汚れが多くたまっていないか確認するようにしましょう。

呼吸器疾患

チンチラの呼吸が荒くなる原因はいくつかあり、肺や気管などに病気をかかえる呼吸器疾患、血液の循環不全による心疾患、お腹が膨らむことで胸を圧迫し呼吸がしづらくなる鼓腸症、熱中症などが主に考えられます。呼吸が荒くなったら無理に動かしたり、興奮させないように動物病院に連れて行きましょう。

呼吸器感染症

▶どんな病気？

若かったり、幼齢、過度なストレスのかかったチンチラでは鼻粘膜に細菌感染を起こし、くしゃみや結膜炎を起こします。重症例では肺炎を起こし、死亡することもあります。特に鼻水が多く出ているケースでは注意が必要です。鼻での呼吸ができなくなると口を開けて呼吸をするようになります。

原因菌として肺炎桿菌、気管支敗血症菌、肺炎球菌、緑膿菌、肺パスツレラなどが挙げられます。

またチンチラにはA型のインフルエンザウイルスが感染することがわかっており、単独で症状を出すことはないが、感染により細菌感染症を重篤化することが考えられています。

▶治療法

適切な抗生物質を投与することで治療を行ないます。経口投与を行なうこともあれば、点鼻薬を行なうこともあります。鼻水が鼻の穴を塞いでしまうこともあるため、定期的に鼻周辺をきれいにしましょう。鼻水が固まり、貼り付いてしまっている場合にはお湯などでふやかしながらとるようにしましょう。呼吸困難が重篤な場合には酸素室に入れます。呼吸困難により経口投与が困難な場合にはネブライザーや注射薬を使用します。

▶予防法

不衛生で湿度が高く、換気不足な環境では呼吸器感染症を引き起こしやすくなります。衛生的かつ快適な環境を提供しましょう。

心臓疾患

▶どんな病気？

心臓は全身に血液を送るポンプの役割をしていますが、その一部が逆流を起こしたりすることで本来の血液循環ができなくなることで具合が悪くなってしまうことを心不全といい

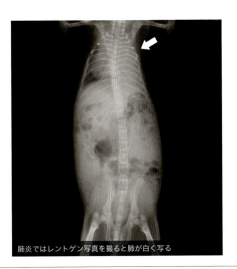
肺炎ではレントゲン写真を撮ると肺が白く写る

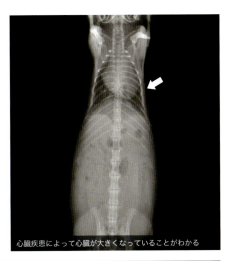
心臓疾患によって心臓が大きくなっていることがわかる

ます。先天的に心臓に異常をきたしていることもあり、心室中隔欠損症などが報告されています。後天的になる心臓疾患として僧帽弁閉鎖不全症や三尖弁閉鎖不全症、拡張型心筋症などさまざまな報告があります。

ほかの動物では聴診で雑音が聞こえた場合には病気である可能性が高いのですが、チンチラは正常な心臓でも雑音が聞こえることが知られています。

超音波検査やレントゲン検査で心臓の構造や大きさを確認することで診断を行ないますが、身体の小さなチンチラでは容易ではなく、原因を追及できないこともあります。

症状は比較的突然起こることが多く、急性の呼吸困難を起こします。呼吸困難になると食餌を摂ることが困難となります。

▶治療法

ほかの動物の治療に準じて行ないます。特に肺水腫などを起こしている場合には利尿剤で呼吸を楽にします。酸素室などを用意することで呼吸を楽に行えるように補助を行なうことも重要です。呼吸困難で食餌を摂らない場合には、強制給餌なども危険なために行なうことが難しくなってしまいます。治療によって呼吸が改善するのを待ちましょう。治る病気ではないので、継続的に薬を続けることが重要になります。

▶予防法

運動量が落ちたり、呼吸が荒いことに気がついたら動物病院を受診しましょう。呼吸はお腹の動きを見て、いつもより大きく早く動いていないかなど確かめましょう。

眼科疾患

結膜炎・角膜炎

▶どんな病気？

目やにや涙が出ており、瞼が腫れぼったく、赤くなっている場合には結膜炎が疑われます。鼻炎などに伴い、症状を起こすことがありますが、多くの場合は砂浴びの砂によるものであると考えられています。

角膜と呼ばれる眼の表面の部位に炎症を起こしていることを角膜炎といいます。多くのケースで結膜炎と角膜炎を併発しています。目に傷がないかどうか試薬を使用して診断します。

涙が多く出ている場合には、不正咬合（歯科疾患参照）によることもありますので、注意しましょう。

▶治療法

結膜炎では抗菌薬、抗炎症薬(ステロイド、非ステロイド)の点眼液を使用します。角膜炎を併発していることが多く、角膜に傷がついている場合にはステロイドの入った目薬は使用できません。再発した場合に自己判断で目薬をつけず、必ず動物病院を受診

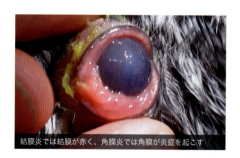

結膜炎では結膜が赤く、角膜炎では角膜が炎症を起こす

し処方を受けましょう。角膜に傷がついている場合には、角膜上皮障害治療薬を併用します。なかなか治癒しない難治性の場合には麻酔をかけて眼に処置を施すことを検討します。目薬により目周囲が濡れることで砂浴びの砂がくっつきやすくなってしまうことがありますので、治療中は砂浴びを控えましょう。

目を気にしすぎて自分で傷をつけてしまう危険性がある場合にはエリザベスカラー（透明なものが好ましい）の装着を検討します。

▶予防法

毛の状態を維持するためには砂浴びは必要なものなので、なくすことはできません。何度も繰り返す場合には商品を変えることで砂の細かさなどが変化し、再発予防になることがありますので、検討してみましょう。また、汚れた砂から細菌や真菌が感染するケースもあることから、できるだけ毎日、砂は全て新品に取り替えるようにしましょう。

白内障

▶どんな病気？

目の中の水晶体（ピントを調節するところ）が白く濁ることで目が白くなったようにみえる病気です。水晶体が完全に白くなると、光が網膜に届かなくなり、失明します。報告によると早いと2歳から発症することがあり、平均8歳ぐらいです。糖尿病をもっていると白内障になる可能性も考えられています。

▶治療法

基本的にはチンチラの白内障を治す治療法はありません。まだ完全に白くなっていない場合には進行を遅らせる可能性のある目薬を使用します。

▶予防法

予防法はありませんが、視力を失っても生活にそれほど不自由することはないでしょう。突然の物音などに怯えてしまうことがあるので、そばに寄るときは声をかけてあげましょう。また、ケージ内や遊び場にしている部屋のものの置き場所を突然変えると、見えないために混乱し、ケガをする危険があります。生活環境はできるだけ変えないようにし、段差などは極力少なくしましょう。

生殖器疾患

子宮疾患

▶どんな病気？

メスのチンチラはさまざまな理由で子宮に病気をかかえることがあります。子宮の内側に細菌感染を起こす子宮内膜炎、重度になり化膿し、子宮内に膿がたまる子宮蓄膿症、子宮内に粘液が貯留する子宮水腫などが挙げられます。まれではありますが、子宮平滑筋肉種などの腫瘍の報告も

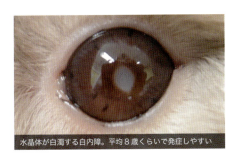

水晶体が白濁する白内障。平均8歳くらいで発症しやすい

されています。

主な症状は、陰部から出血や膿が出たり、食欲が低下します。陰部の症状があると比較的診断が容易ですが、出ていなくても検査を行なうことでみつかる場合もあります。陰部周辺は肛門と近いことから下痢などによっても汚れることがあるために、症状に気がつくことが遅くなることもあります。また、必ずしも出血や排膿があるとは限らず、多量に子宮に液体がたまり、お腹が大きく膨らむ場合もあります。

▶治療法

子宮からの出血や膿が確認された場合には、全身状態をしっかり把握したうえで開腹手術により、卵巣と子宮を摘出します。子宮蓄膿症により腎不全を起こしている場合には点滴治療などにより改善をしてから行なうことが理想です。しかし、必ずしも治療に反応するとは限らず、こういったケースでは手術のタイミングは非常に難しいものとなります。

出血は止血剤の投与などによりおさまることもありますが、再発したり、出血量が多いことで失血死を起こしてしまう危険性がありますので、早めの手術が理想でしょう。

▶予防法

特に予防法はありません。チンチラの卵巣子宮摘出術はあまり一般的に多く行われていません。手術の経験をもつ動物病院を探しましょう。

流産

▶どんな病気？

妊娠中にリステリア症、サルモネラ症、緑膿菌感染症などの全身的な感染症を起こすことで胎児が死亡することが知られており、ほかにも感染症とは関係なく胎児が死亡してしまうことがあります。死亡した胎児は本来子宮内で母体に吸収されますが、これがうまく行われない場合には子宮内膜炎を引き起こす場合があります。

妊娠しているチンチラが食欲不振、元気がなくなったら疑わしくなります。

▶治療法

死亡した胎児が長期的に母体の中に残されていると判断した場合には、卵巣子宮摘出術を実施します。

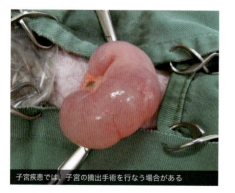
子宮疾患では、子宮の摘出手術を行なう場合がある

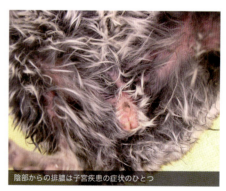
陰部からの排膿は子宮疾患の症状のひとつ

▶予防法

妊娠をすると体重が増加し、お腹が大きくなっていきます。妊娠に気がついたならば、食欲が落ちないか、体重が順調に増えているかなどを確認しましょう。

嵌頓包茎・Fur ring

▶どんな病気?

成熟したオスでペニスの根元に毛が絡みついてしまうことがよくあります。これは過剰な身づくろい、尿によるマーキングをする個体でみられ、発情期に特にみられるようです。毛が輪になり、ペニスを圧迫することで、嵌頓包茎となり、ペニスをしまえなくなってしまいます。症状が進行すると、排尿ができず、非常に危険です。また、細菌感染により亀頭包皮炎を起こします。

▶治療法

絡みついた毛をペニスに傷をつけないように潤滑油などを使用しながら除去します。このときに痛みを伴い暴れてしまうことがあるために、場合によっては鎮静をかけて行なう場合もあります。改善しても生殖能力は失われてしまうこともあります。感染を起こしているケースでは抗生物質を投薬します。

▶予防法

定期的にペニスに付着物がないかを確認し、少ない間に除去することが予防となります。糸の絡まった部分より先が赤紫になっていたり、腫れ上がっている場合には早急に動物病院を受診しましょう。

泌尿器疾患

膀胱結石

▶どんな病気?

膀胱に石ができてしまう病気でほとんどがオスでなります。チンチラの膀胱結石は炭酸カルシウムによるものがほとんどです。オスの尿道は細く長いことから膀胱から尿道に入ってしまうと非常に危険です。

排尿するときに痛がったり、血尿をした場合には結石があることが疑われます。

レントゲン検査で明瞭に写ることから診断は比較的容易です。

また、膀胱ではありませんが、腎臓にシュ

包皮が毛にひっかかってペニスをしまえなくなっている

絡みついた毛が輪のようになることからFur ringとも呼ばれる

ウ酸カルシウム結石ができてしまい、腎疾患を引き起こしたケースも報告されています。

▶治療法

チンチラで多くみられる炭酸カルシウムは、薬などで小さくすることは難しい石です。治療は外科手術による結石の摘出となります。尿道に結石ができた場合には手術後も痛みが続く可能性もあることから、消炎鎮痛剤や抗生物質をしっかりと飲むと良いでしょう。

▶予防法

炭酸カルシウムによる膀胱結石を起こす動物ではカルシウムの少ないごはんを与えることが重要といわれますが、チンチラでは食事で摂った過剰なカルシウムは基本的には糞便から排泄しており、尿から排泄されるカルシウム濃度も一定以上になりません。このことから食餌はあまり影響しないと考えられており、予防法はわかっていません。

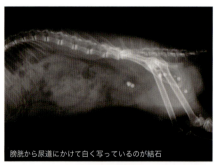
膀胱から尿道にかけて白く写っているのが結石

摘出された結石。大きさは約5mmほど

皮膚疾患

チンチラはさまざまな原因から、脱毛やかゆみを伴う皮膚疾患にかかります。自然界の本来の気候と異なる高温多湿な環境では皮膚や毛のコンディションを悪化させてしまいやすくなります。

来院時には詳細な皮膚の状態を獣医師に診てもらえるようにフケなどを綺麗にしたり、保湿クリームを塗ったりはせずに来院するようにしましょう。

栄養性疾患

▶どんな病気？

不適切なフードや、高温多湿といった不適切な環境でのフードの保管などが原因で起こります。

脂肪酸欠乏症、パントテン酸欠乏症、亜鉛欠乏症がありますが、これらを区別するのは困難です。

脂肪酸欠乏症は、リノール酸やアラキドン酸と呼ばれる脂肪酸が不足しているものをいいます。フケが出たり、毛の発育減退、被毛消失、皮膚潰瘍を起こし、重症例では死亡することもあります。脂肪酸は酸化してしまうため、高温環境での保管などはしないようにしましょう。

パントテン酸は正常な皮膚をつくるのに必要なビタミンで、欠乏すると斑状に脱毛をしたり、分厚いフケが出ます。活動的でも食欲がなく、痩せてきます。

亜鉛も欠乏するとフケや脱毛を起こします。

ほかの栄養性疾患として、コリン、メチオ

ニン、ビタミンEの欠乏した食餌を与えていると耳が黄色くなってしまいます。これは植物に含まれる色素の代謝障害が起こることで、皮膚と脂肪組織に黄褐色色素が濃縮され、色がつきます。

慢性化するとお腹や陰部周りの皮膚が黄色くなり、重症になると皮膚全体が黄色くなります。ケースによっては、皮膚が腫脹し痛みを伴う場合もあります。

また、粗タンパクが28％を超えた食餌を与えているとウェーブがかった綿のような毛になることから綿毛症候群と呼ばれます。食餌の粗タンパクは正常な約15〜18％のものを与えましょう。

▶治療法

チンチラフードの給餌を心がけましょう。温度、湿度、直射日光といった保存状況も見直しましょう。

皮膚糸状菌症

▶どんな病気？

チンチラの皮膚病の中で最も多くみられるもので、皮膚に感染するカビ（皮膚糸状菌）に感染して起こります。*Trichophyton mentagrophytes*と呼ばれる白癬菌によるものが多く、人にも感染する恐れがあります。症状のないチンチラからも検出されることもあり、若齢時やストレス環境下、免疫力の低下を起こしたときに特に症状を発現しやすいものと考えられます。

主に眼周り、鼻、口、耳、脚に脱毛、フケを認めます。進行とともに炎症が進み、赤みが出てきます。

同居のチンチラと接触することやケンカの傷などから発症することも多いです。

▶治療法

抗真菌剤の経口や軟膏の塗布により治療を行ないます。ケージなどはよく洗い、乾燥させましょう。希釈した漂白剤を使用することで消毒できますが、舐めても大丈夫なようによくすすぎましょう。

▶予防法

砂浴びにより、同居のチンチラに感染をする危険性があるため、感染が疑われたチンチラでは砂を分けましょう。

真菌症により、脱毛とフケがみられる

膿瘍。膿がたまってしこり状になっている

細菌性皮膚炎

▶どんな病気？

不正咬合による過剰なよだれにより、顎の下の皮膚が不衛生となり、もともと皮膚に住んでいるブドウ球菌による皮膚炎を起こすことがあります（不正咬合参照）。原因となる不正咬合を治療することが重要です。

膿がたまったしこり状のものを膿瘍（のうよう）と呼びますが、多頭飼いでケンカなどによる咬み傷から細菌が入り、膿瘍ができることがあります。大きくなりすぎると破裂してしまうこともあります。病院で洗浄し、適切な抗生剤の投与を実施します。場合によってはしこりごと外科手術で摘出する場合もあります。

毛咬み

▶どんな病気？

毛を咬んでしまい、毛が薄くなることをいいます。毛咬みは自分自身で行なうこともあれば、同居のチンチラによって起こることもあります。

原因ははっきりとしてはいませんが、お迎えしたばかりや同居動物との相性があわない場合など、過度なストレスがかかったときに自分で自分の毛を咬み、脱毛症を起こすことがあります。お迎えしたばかりで過剰に接触をしたりすることはストレスとなるので避けましょう。同居動物との距離が近く、警戒しているような場合にも部屋を変えるなど工夫しましょう。

主に肩甲骨付近、お腹の横側、手足に起こることが多いです。毛をかじって毛が薄くなっていることも多いことからよく見ると毛がないのではなく短い毛は多く残っていることもあります。

毛咬みするチンチラでは副腎や甲状腺（甲状腺機能亢進症参照）といった臓器の機能異常がみられることが多くあるとされています。ただ、これが機能異常が原因で毛咬みをしているのか、毛咬みをするから機能異常が起こっているのか不明で今後解明されていくかもしれません。

▶治療法

原因がはっきりとしていないため、治療法も明確にありません。また、同居のチンチラがいる場合には関連している可能性もあるため、別居させることも方法かもしれません。

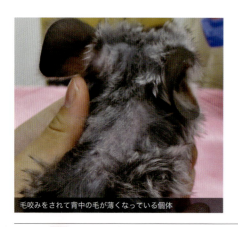
毛咬みをされて背中の毛が薄くなっている個体

足底皮膚炎。足の裏に細菌性皮膚炎を起こしている

外部寄生虫

▶どんな病気？

チンチラの被毛はとても密であることなどから外部寄生虫(ツメダニやノミ)の寄生はまれであると考えられていますが、犬、猫などに感染するノミやウサギに寄生するツメダニなどが寄生することがあります。ほかの皮膚病と比較し、かゆみは強く出ることが多いです。

▶治療法

駆虫薬を注射薬や背中に垂らすスポット剤を使用します。

▶予防法

同居の動物から感染することがほとんどのため、同居の動物達の寄生虫予防をしっかり行ないましょう。

そのほかの病気

骨折

▶どんな病気？

ケージの底網などに足をはさむことで骨折をすることがあります。チンチラの骨折は後ろ足の脛骨の骨折が多いです。

片足を使えていなかったり、足が本来の向きではない方向に向いている場合などには骨折が疑われます。骨が折れた可能性があれば、急いで動物病院を受診しましょう。骨折をすると折れたところからプラプラと不安定になりますので、そのまま動き回ると骨が皮膚を突き破ってしまうことがあります。また、痛みから食欲がなくなってしまう場合もあります。すぐに受診ができない場合にはケージを小さく区切って動き回れないようにしましょう。また、チンチラは抱っこをすると暴れてしまうことが多く、その際に悪化させてしまうこともあります。抱っこをして確認をすることなどは極力避け、早めに動物病院を受診しましょう。

▶治療法

基本的には外科手術を行ないます。指の細い骨は手術が難しく、また骨折していない指の骨が支えになるため、テーピングなどで対処することもあります。骨が細かく砕けたり骨が皮膚を突き破り、細菌感染を起こした場合には足を切り落とすこともあります。折れた足を残すと痛みが続いたり、傷口から細菌が侵入して敗血症を引き起こし死亡する危険性があるためです。

骨盤や背骨を骨折した場合には外科的な手術は困難となります。脊髄を損傷すると歩けなくなったり、自力での排尿ができなくなります。消炎鎮痛剤など痛みを抑えますが、治癒は困難です。

熱中症

▶どんな病気？

チンチラは温度が低く、比較的乾燥した地域に住んでいる動物なので、気温が高いと熱中症を起こしてしまいます。28〜30度では熱中症を起こしやすいといわれていますが、湿度が高いとそれ以下でも熱中症を起こします。

熱中症となるとよだれを垂らしたり、呼吸が浅くて速かったり、チアノーゼになり舌が

紫色になったり、体が熱くなります。ときには血混じりの下痢を起こすこともあります。体温が高くなりすぎた状態が長く続くと内臓器が破壊され、治療により一時的に回復をしても命に関わることとなります。高熱に気づいたら、低温火傷に気をつけながら保冷剤などで首もとや股の間を冷やし、軽く毛を濡らして風に当てて体温を下げ、少しでも早く動物病院を受診しましょう。

▶治療法

ショックへの治療や点滴を行ないます。

▶予防法

空調をしっかりとしているつもりでもケージの場所が涼しくなっていないことも多くあります。朝晩涼しくても日中は暑いこともあります。ケージに温度計などを設置し、しっかりと管理をしましょう。通気性が悪いと熱がこもってしまうためケージの周りにあまりものを置きすぎないようにすることも大切でしょう。また、夏場に動物病院を受診する場合にはキャリーの中の温度が高くなり、熱中症を起こすこともあります。通院時には保冷剤などでほどよく冷やし、移動中は定期的にキャリーの中の温度を確認しましょう。

甲状腺機能亢進症

▶どんな病気?

チンチラではまれな病気ではありますが、喉の下あたりにある甲状腺から分泌される甲状腺ホルモンの量が異常に増えて起こる病気です。甲状腺ホルモンは本来、必要な分だけ一定量分泌されており、代謝に影響を及ぼすホルモンです。

脱毛や毛咬みをするチンチラでは甲状腺が機能的に異常を起こしていることが多いとされていますが、関連性は不明です。

症状として急激に体重が減少し、毛づやが低下し脱毛し、唾液過多となったりします。

▶治療法

甲状腺ホルモンを抑える薬を服用し、適切な甲状腺ホルモン濃度になるように行ないます。高血圧などが確認された場合には血圧降下剤などを併用することもあります。

▶予防法

不適切な食餌の関連も考えられているので、現時点ではチンチラフードをしっかりと与えましょう。

ストレスなどによって自分の四肢をかじってしまう自傷行為

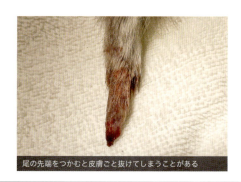
尾の先端をつかむと皮膚ごと抜けてしまうことがある

糖尿病

▶どんな病気?

血糖値が上昇する病気です。膵臓の膵島にあるβ細胞から出るインスリンというホルモンの機能が正常に働かなくなったり、正常に分泌されないことで起こります。チンチラの場合、詳しい病態はわかっていません。

飲む水の量が増える、尿が多くなるといった症状がみられ、経過とともに食欲の低下、嗜眠、体重減少といった症状がみられます。乾きかけた尿を拭き取ろうとするとベタベタするようであれば糖尿の可能性が考えられます。

糖尿病を持っているチンチラが食欲不振となると、栄養不足からケトンが多量に作られ、とても危険な状態となります。
(糖尿病に伴った白内障が起こることも示唆されていますが不明です)

▶治療法

チンチラでの明確な治療法はありませんが、インスリンの分泌が少ない糖尿病の場合には、インスリンの皮下注射を毎日行なうことでコントロールを試みます。多量に摂取をしてしまうと低血糖で発作を起こすことがあることから定期的に血糖値を測定して治療を進めます。また、インスリンの分泌を促す経口血糖降下剤などを使用する治療法もありますが、効果はよくわかっていません。

▶予防法

高タンパク質、低脂肪食、高繊維食が推奨されています。種子類やコーンなどの高脂肪な食べ物は避けましょう。

腫瘍

▶どんな病気?

腫瘍とは特定の細胞が無秩序に異常な増殖をする病気です。腫瘍の中には転移を起こさない「良性腫瘍」と、転移を起こす「悪性腫瘍」があります。

チンチラは20年という長い寿命ですが、ほかの動物と比較して腫瘍の報告が少ないのが特徴です。乳腺癌や子宮平滑筋肉腫、腰部骨肉腫、唾液腺癌、胃腺癌、リンパ腫などいくつか報告はありますが、単発的な報告のために、チンチラでの一般論はありません。

症状は腫瘍の種類やできた場所によっても変わってきます。痩せてくる、元気がなくなるなどが症状としてあげられますが、腫瘍によってはほとんど症状を出さないこともあります。

▶治療法

基本的には切除、摘出が可能なものは手術の実施を検討します。抗がん剤の使用は、腫瘍に適したものを使用することになりますが、チンチラでは情報が限られており、明瞭な治療法はありません。

▶予防法

特にありませんが、早期発見で小さいほど治療が行ないやすいです。定期的に体をさわることでいつもないはずのふくらみなどに気がついたときには動物病院に行きましょう。

人獣共通感染症 (文：角田 満)

Chapter 7　チンチラの健康管理

人獣共通感染症とは？

人獣共通感染症とは、「自然な状況下でヒトとほかの脊椎動物間で伝播する疾患あるいは感染症」と定義された病気のことをいいます。別名「ズーノーシス」「動物由来感染症」「人と動物の共通感染症」などともいわれています。人獣共通感染症の種類はとても多く、動物種を問わなければ、病気の数は200にも及びます。

病原体は、ウイルス、細菌、真菌、寄生虫（原虫、線虫、条虫、吸虫など）、プリオンがあります。有名な病気としては、狂犬病（ウイルス）、鳥インフルエンザ（ウイルス）、オウム病（細菌）、狂牛病（プリオン）などが聞いたこともあるのではないでしょうか。

これらの感染症の中には、病原体をほかの動物が保有している分には大きな症状を示さなくても、人に感染を起こすと致死的になる病気も含まれます。また、広く多くの生物が持っている病原体が人の免疫力の低下などを起こすことで感染し、症状を引き起こす日和見感染症などがあります。感染症は病原体が感染しても必ずしも病気になるものではありません。多くの感染症は人の免疫力で抑えることができます。しかし、感染力の強い病原体、感染した病原体の量が多い、人の免疫力が低下している場合などには体内で増殖し、症状を引き起こします。清潔に生活をしているつもりでいても我々の身の回りには病原体となり得るものが常に存在をしています。衛生的な国である日本であるためにそのことを忘れてしまいがちになっています。私たち人間も自然の一部として生活をしていることを忘れないようにしましょう。

チンチラの人獣共通感染症

チンチラの人獣共通感染症はいくつか知られています。それらの多くは環境中に存在するものであったり、人間も広く持っているものであったりします。

ひとつには脱毛を引き起こす「皮膚糸状菌症」があげられます。皮膚糸状菌症に感染をしたチンチラをさわることで感染する可能性があります。チンチラと同様に、体調が悪かったり、免疫力の低下を起こす病気を抱えている方は発症しやすくなります。人では丸く赤みを伴う脱毛や皮膚炎を起こすことがあります。人の皮膚科を受診しましょう。

また、ヘルペスウイルス感染症は日本人も多くもっているウイルスになります。「口唇ウイルス」と呼ばれるこのウイルスは7～8割の日本人がもっているといわれています。口唇ヘルペスは唇の周りに赤い水ぶくれができて、かゆみや痛みが生じます。疲れやストレスがたまっているときに症状が出てしまうことが多いようです。チンチラでは発作などの神経症状や結膜炎を起こすことで知られています。人でも症状を緩和する治療法は存在しますが、ウイルスを体から排除することはできません。

ほかにも「エルシニア症」「緑膿菌」など「感染症」の項であげた疾患や呼吸器感

染症で記載した「肺炎桿菌」、消化器疾患の「ジアルジア症」など、感染をする可能性があるものはいくつか存在します。

共通感染症を予防するためには

チンチラの愛くるしい表情やしぐさから、密な接し方をしてしまいがちです。ぬいぐるみではありませんので、感染症をもっていればチンチラの体調によってはその数が増え、人に感染を起こしてしまうかもしれません。とはいっても「基本的な動物との接し方」を守っていれば感染をすることはめったにありません。基本的な動物との接し方とは、さわったら必ず手を洗うことや口移しなどの接触は絶対に行わない、などです。近年、SNSなどで使用する写真を撮るために過激な接し方をしている写真を多く見かけます。「節度ある接し方」を心がけましょう。

感染を起こす危険性があるものとして特に気をつけるべきなのか、鼻水、目ヤニ、排泄物があげられるでしょう。鼻水、目ヤニのような風邪症状が見られた場合には顔の近くに自分の顔を近づけるのは避けましょう。甘えてくることもあるかもしれませんが、早くに動物病院に行きましょう。また、軟便などを起こしている場合にも病原体が増殖している可能性があります。ゲージなどをよく洗うことが重要ですが、水しぶきなどで、粉塵が知らず知らず口の中に入ってしまうものです。マスクを着用するなどして身を守りましょう。

噛まれた場合にも、患部を水でよく流し、消毒しましょう。雑菌により腫れてしまうような場合にはそのまま治ることもありますが、治りが悪いような場合には病院に行きましょう。

当たり前のことですがチンチラは自分で病院に行くことはできません。飼い主である人が感染し体調が崩れてしまったら、大切なチンチラを誰が病院に連れていくのでしょうか。人獣共通感染症というものをしっかりと理解し、節度ある接し方でお世話をしましょう。

また、自分自身が病気をうつしてしまう側になってしまう可能性があるのです。体調不良のときにはチンチラのためにも密な接触は避けましょう。

知っておきたいチンチラ資料編

チンチラと防災

災害時、どこに逃げる?! なにを持っていく!

現在、日本は、どこで災害が起きてもおかしくない状況にあるといえるでしょう。災害の少ない地域で大きな災害が起きたり、思わぬ事故に巻き込まれたりという事例が増えています。動物と一緒に暮らしてると、自分が想像するよりもパニックになってしまう方が多いようです。また、飼い主だけどこかで被災してしまった場合、ほかの誰かにチンチラを連れ出してもらったり、ほかの誰かにお世話をしてもらうことも考えておいてください。できるだけチンチラのケージ周りは整理整頓し、何がどこにあるか誰でもわかるようにしておきましょう。

それでも、災害避難のさいには、普段は必要のない用品が必要となってきます。自宅の外に避難する場合に備えて、必要な用品を最低でも1週間分くらい「避難グッズ」としてまとめておくべきでしょう。

同行避難と同伴避難

環境省が推奨している同行避難。動物を飼育している人はこれに一時期喜びを覚えたものです。「これで動物と一緒に安全に避難できる」。しかし、これは動物を残したままで人だけが避難しないという意味あいであって、避難所に入れるという意味ではありません。同行避難をすすめる理由には、動物を守るということだけではなく、取り残された動物を改めて保護することに時間と労力が必要になることや、避難するさいに放していった動物が放浪動物となり人に危害を加えたり、環境を荒らしたりすることを防ぐことなども含まれています。そのため、同伴避難（避難所内にペットと一緒に避難できる）を許されている場所でなければ、一緒に生活をすることは現実としてなかなか難しいものになります。

災害時に備えた準備

- ☐ ケージ周囲の整理整頓
- ☐ 避難グッズの準備(167ページ参照)
- ☐ 避難手段と連絡方法について家族で話し合う
- ☐ 避難先となる施設が動物を受け入れるかどうか調べておく
- ☐ いくつかの避難パターンを想定して避難訓練をする
- ☐ 食べ物のストックは1ヵ月分
- ☐ 外でもものを食べる習慣を
- ☐ チンチラとの信頼関係の構築

どのような避難をするか決めておこう

　実際に、しつけされていない動物の吠え声や予防されていないノミ・ダニ発生などによる周囲に対する被害、動物のにおいなどによるトラブルは絶えませんでした。病気をお持ちの方、新生児と一緒に避難している方などは、動物に対する感受性が強く、現実的に受け入れが無理な場合もあるでしょう。では、もし自分が家にいることができなくなった場合、どのような避難をするかを家族で話し合って決めておく必要があります。

　小動物と暮らしていた方々はそのまま避難所に入れたケース、車中泊をしていたケース、被災地から離れた親戚や友人宅に避難したケース、被害の大きかった被災地では、動物だけが遠くの知人に預けられたケースもありました。災害の度合いや地域性によっても、対応は違ってくると思います。まずは、自分が避難する予定の避難所や地域の動物病院などが災害時の動物の受け入れをどこまで行なう予定にあるのかをリサーチしておきましょう。それでも、いざ災害になると状況が変わる場合もありますから、いくつかの避難パターンをシミュレーションして、避難訓練をすることをおすすめします。

チンチラと避難するために必要な飼育グッズ

　牧草やチンチラフードはできるだけ新鮮なものを使用したいというのが飼い主の気持ちです。また食事量もうさぎやモルモットに比べると非常に少ないため、買い置きをしない方が多いのも特徴です。しかし、そのために食べ物がすぐに底をついてしまったという事例も多いのです。食糧難になってしまったり、流通がストップしてしまう期間がどのくらいなのかは災害の度合いにもよりますが、1週間分くらいはすぐに持ち出せるように、そして1ヵ月分くらいのストックは自宅にしておきたいものです。また、ストレスでまったく食べ物を口にしなくなる子もいます。そのためにも、できるだけ大好きな食べ物をたくさん知っておく、ストレス耐性をつけるために、外出時でも食べ物を食べる習慣をつけておくことも大切でしょう。

　固形牧草はどんな場所でも与えやすく、長期保管には最適です。また、人の支援物資でも水が足りず、お茶が配られることが多かったようなので、万が一断水してしまったときのために、人よりもまずはチンチラ用の水のストックが重要です。脱水をするとすぐに身体が弱ります。オシッコが出なくなると、身体から老廃物を出すことができずに調子を崩してしまいます。水と牧草、好きなもののストックは必ずしておきましょう。また、キャリーは長時間そこで暮らすことを考えると、ボトルもつけられて、排泄物が下に落ちるタイプのハードキャリーがおすすめです。多少暴れても脱走できないような頑丈なものがよ

知っておきたいチンチラ資料編

いでしょう。災害時は水がほとんど使えません。排泄物でキャリーが汚れても洗うことができないうえに、チンチラを出してお掃除などができない状況にあるため、下網タイプでなくなにも敷かないで過ごすと、衛生的にかなり心配です。チンチラが脱走しないでお世話できるキャリーや方法を考えておきましょう。たとえ避難所に入れたり、車中泊や友人宅でも、緊張しているチンチラが一度脱走してしまうと、パニックになって捕まえることができない場合があります。キャリーには連絡先の入った大きな名札をつけておきましょう。

また、災害時は電話やメールがつながりにくくなり、家族と連絡が取れなくなる可能性があります。災害掲示板や家族の伝言板を前もってつくっておくことも必要かもしれません。

ただし、海外のサービスである、ツイッターやgmailは災害時でもつながりやすかったようです。

災害時に愛チンチラを守れるのは、飼い主しかいません。あきらめたら誰も助けてはくれません。「この子を守るんだ」という気持ちが自分を守ることもできたという声もあります。

そして、「ママ(パパ)がいるから大丈夫」という信頼関係をつくっておきたいものですね。

用意しておきたい避難グッズ

【飼育用品】
- ハードキャリー、キャリーカバー、給水ボトル、食器
- ペットシーツやオシッコを吸収するマット
- ウェットティッシュ、消臭剤・除菌剤
- カイロ、電池式の扇風機、名札

【食べ物】
- お水、牧草、固形の牧草、チンチラフード
- 野草やハーブなど香りの高い副食、お気に入りの食べ物

【病気闘病中の場合】
- 投薬中の薬、介護用品　※絶食してしまった場合は強制給餌も必要です。
- 電解質液、流動食、シリンジ

わが家の防災覚え書き

【広域避難場所】

【最寄りの避難所】

【メモ】
(緊急時連絡方法、避難ルート、避難時の役割など)

チンチラと法律

あなたに見守られて
その日を迎えたいんだ

意外と周知されていない日本の動物の法律「動物愛護法」

日本で最も歴史ある動物に関する法律は「動物の愛護及び管理に関する法律」、通称「動物愛護法」でしょう。日本人は、縄文時代付近から動物と共存していた痕跡が残されており、大和時代には法律によって鳥や犬の職制が設けられていました。人と動物との共存の長い歴史を積み重ねできあがった法律が昭和48年に制定された「動物の愛護及び管理に関する法律」です。この法律には、「動物の命を大切にすること(愛護)」と「自分の飼育している動物が周囲に迷惑をかけないようにすること(管理)」という2つの大きな目的があります。制定当時は「動物の保護及び管理に関する法律」という名称でした。"保護"が"愛護"という名称に変わったのは、平成11年12月のこと。ここには、ただ動物を守るだけでなく、愛するという意味が含まれるようになりました。その対象となる動物はいわゆる伴侶動物(コンパニオンアニマル)だけでなく、"人と係るすべての動物、家庭動物、展示動物、産業動物(畜産動物)、実験動物等"です。この法律は、平成11年、17年、24年と改正され(施行年月はその後)、今後もおおよそ5年を目安に、内容の修正や加筆が行なわれる予定です。

そして、時代とともに、動物の命を大切にすることや周囲に迷惑をかけないことにも、動物を販売する者の問題が大きく影響するようになってきました。そこで動物を販売する者に対する細かい規制が必要となり、改正のたびに問題点が多く提出され、動物を販売する者に対する法律が多く盛り込まれるようになっています。平成17年の改正で初めて、動物を販売する者は、動物取扱責任者を選任することと、ある一定の資格や手続きが必要となる動物取扱業者としての登録を義務づけられました。加えて、悪質な業者については登録及び更新の拒否、登録の取消し及び業務停止の措置がとれることになりました。

また、登録動物取扱業者については、氏名、登録番号等を記した標識の掲示を義務づけています。

そして、平成24年の改正では、動物を販売する者、動物を飼育する者、両者ともに、より罰則が強化されています。

飼育者へは、その動物にあった適正な環境で飼育をする、一度お迎えした動物は最後まで責任を持って飼育するという「終生飼育」も前面に打ち出されました。環境省からは、"動物取扱業者向け"と"一般飼い主向け"とそれぞれ動物愛護法に関するパンフレットが配布されていますので、動物と暮らす者として、一度は目を通しておきたいものですね。

野生動植物を守る世界的な法律「ワシントン条約」

　世界的にたくさんの野生の動物や植物が絶滅または絶滅の危機にさらされていることは、いまは誰もが感じていることでしょう。もうこれ以上絶滅させないために、絶滅の危機を乗り越えるために、そういった野生の動植物を守るために生まれた法律が「絶滅のおそれのある野生動植物の種の国際取引に関する条約」通称「ワシントン条約」です。これは、野生の動植物が国際取引によって過度に利用されることを防ぎ、国際協力によって種を保護しようといった内容のもの。1973年3月にワシントンD.Cで採択され、1975年7月より発効されています。日本は、1980年に加盟しています。（2016年3月現在で加盟国は181ヵ国。）

　絶滅のおそれの程度に応じて附属書が作られ、国際取引の規制、つまり"捕獲してはいけない""購入してはいけない"といったような規制を行なうことを目的としています。その附属書には、それぞれその程度にみあう動植物種が掲載されてます。これがいわゆる"CITES I（サイテス1）"や"CITES II（サイテス2）""CITES III（サイテス3）"と呼ばれるものです。これは「絶滅のおそれのある野生動植物の種の国際取引に関する条約」の英文である"Convention on International Trade in Endangered Species of Wild Fauna and Flora"の頭文字をとって略語化されたものです。日本では「ワシントン条約」として有名ですが、実は「ワシントン条約」はほかにも複数あり、世界的にはあまり通用しません。海外では一般的には「CITES（サイテス）」と呼ばれています。

　チンチラは、最も絶滅の危機に瀕している分類の附属書I（CITES I）に記されているため、野生のチンチラの捕獲はもちろんのこと、生死に関わらず輸出や輸入も原則として禁止です。ただし、海外または国内で繁殖されたチンチラは、飼育可能です。

動物愛護法〈罰則例〉

- 愛護動物の殺傷：2年以下の懲役または200万円以下の罰金
- 愛護動物の虐待・遺棄：100万円以下の罰金
- 無許可特定動物飼養：6ヵ月以下の懲役または100万円以下の罰金
- 無登録動物取扱業者営業：100万円以下の罰金

パンフレット「動物の愛護及び管理に関する法律が改正されました〈動物取扱業者編〉」

http://www.env.go.jp/nature/dobutsu/aigo/2_data/pamph/h2508a.html

パンフレット「動物の愛護及び管理に関する法律が改正されました〈一般飼い主編〉」

http://www.env.go.jp/nature/dobutsu/aigo/2_data/pamph/h2508b.html

（海外における齧歯目の輸入については、172ページの「感染症の予防及び感染症の患者に対する医療に関する法律」によって規制されていますので、そちらをご参照ください）

附属書I：絶滅のおそれのある種であって取引による影響を受けており又は受けることのあるもの。商業取引を原則禁止する（商業目的でないと判断されるものとしては、個人的利用、学術的目的、教育・研修、飼育繁殖事業が決議5.10で挙げられている）。取引に際しては、輸出国及び輸入国の科学当局から当該取引が種の存続を脅かすことがないとの助言を得る等の必要があり、また、輸出国の輸出許可書及び輸入国の輸入許可書の発給を受ける必要がある。（条約第3条）。約980種を掲載。

附属書II：現在必ずしも絶滅のおそれのある種ではないが、その標本の取引を厳重に規制しなければ絶滅のおそれのある種となるおそれのある種又はこれらの種の標本の取引を効果的に取り締まるために規制しなければならない種。輸出国の許可を受けて商業取引を行うことが可能。取引に際しては、輸出国の科学当局から当該取引が種の存続を脅かすことはないとの助言を得る等の必要があり、また、輸出国の輸出許可書の発給を受ける必要がある（同第4条）。約34,400種を掲載。

附属書III：いずれかの締約国が、捕獲又は採取を防止し又は制限するための規制を自国の管轄内において行う必要があると認め、かつ、取引の取締のためにほかの締約国の協力が必要であると認める種。附属書IIIに掲げる種の取引に際しては、種を掲載した締約国からの取引に限り当該国から輸出許可書の発給を受ける必要がある（同第5条）。約160種を掲載。（2016年6月現在）

レッドリストって何？

ニュースや動物に関する情報にたびたび登場するようになった"レッドリスト"という言葉。これも絶滅危惧種に関する言葉として有名になりつつありますが、ワシントン条約の附属書とどう違うのでしょうか。

"レッドリスト"とは、絶滅のおそれのある野生の動植物を「国際自然保護連合」(International Union for Conservation of Nature and Natural Resources=IUCN) がまとめたリストのことです。IUCNは、1848年に世界的な協力のもとに設立された、国家、政府機関、非政府機関で構成される国際的な自然保護ネットワークです。IUCNは国連機関ではありませんが、自然保護に関する世界最大のネットワークともいわれています。最初にそのリストが発表されたのが1966年。赤い表紙の本であったことから"レッドデータブック"と呼ばれていました。1980年には、国内の団体間の連絡協議を目的として「IUCN日本委員会」が設立されました。2001年にIUCN理事会において正式な国内委員会として承認されています。

つまり「絶滅のおそれのある野生動植物

知っておきたいチンチラ資料編

レッドリストに用いられるカテゴリーの種類

EX	Extinct	絶滅
EW	Extinct in the Wild	野生絶滅
CR	Critically Endangered	絶滅危惧1A類
EN	Endangered	絶滅危惧1B類
VU	Vulnerable	絶滅危惧2類
LR/cd	Lower Risk/conservation dependent	低リスク/保全対策依存
NT	Near Threatened(includes LR/nt-Lower Risk/near threatened)	準絶滅危惧/低リスクを含む
DD	Data Deficient	情報不足
LC	Least Concern(includes LR/lc-Lower Risk, least concern)	軽度懸念/低リスクを含む

の種の国際取引に関する条約」(ワシントン条約)が国際的な取引を制限する法律で国際的な法的拘束力がものである一方で、IUCNの"レッドリスト"は、国際的な法律ではなく、自然を科学的に分析し判断した客観的なリストであるということになります。

チンチラはレッドリストの「VU(絶滅危惧種II類)」に記されています。

また、日本国内や都道府県単位でも"レッドリスト"が作成されています。

CITESの日本版「絶滅のおそれのある野生動植物の種の保存に関する法律」

「絶滅のおそれのある野生動植物の種の国際取引に関する条約」(ワシントン条約)に対して、国内における"国内稀少野生動植物種"又は"国際稀少野生動植物種"の保護のために必要な規定を定めた「絶滅のおそれのある野生動植物の種の保存に関する法律」通称「種の保存法」が1992年に制定されました。主に国際・国内稀少野生動植物種の個体保護、国内稀少野生動植物種の生息地保護・保護増殖を目的としています。国際稀少野生動植物種は、CITES附属書Iにおける掲載種、二国間渡り鳥など保護条約・協定における通報種となっています。

チンチラは、CITES附属書Iの掲載種のため、もちろん規制されています。

「感染症の予防及び感染症の患者に対する医療に関する法律」(感染症法)によって輸入規制されたチンチラ(齧歯目)

野生のチンチラは法律で輸入が禁止されていましたが、10数年前までは繁殖されたチンチラであれば海外からも比較的スムーズに輸入が行なわれていました。それが、「感染症の予防及び感染症の患者に対する医療に関する法律」(感染症法)によってチンチラを含め多くの動物が大幅に規制されることになりました。「人の感染症法がなぜ動物の輸入と関係があるの?」と思われる方も多いと思います。実は、動物から感染する重大な感染症がたくさんあるからです。この感染症法に基づいて、人間への感受性が強い菌をもちあわせている可能性の高いサルの輸入検疫はもちろんのこと、狂犬病予防法における犬、猫などへの輸入検疫、家畜伝染病予防法に基づく家畜、家きん

への輸入検疫は以前より行なわれていました。しかし、これらの対象動物以外の動物については、なにも規制がありませんでした。このような状況の中、平成14年に、アメリカから野兎病に感染した疑いのあるプレーリードッグが日本に輸出された事例や、平成15年には、サル痘に感染した疑いのあるアフリカ産の野生齧歯目が日本に輸出されていたという事例もありました。それを受けて、これらの輸入動物に係るリスクを低減することを目的に、平成15年10月「感染症の予防及び感染症の患者に対する医療に関する法律」、通称「感染症法」が改正。人に感染する感染症を日本にもちこむおそれのある動物について、輸出国政府機関発行の衛生証明書の添付を必要とする輸入届出制度を設けることとし、平成17年9月1日より開始されることになりました。輸入時に厚生労働省検疫所に届出することにより、輸出国において適切な衛生管理がなされた動物であるか確認し、感染症の侵入防止を図るとともに、仮に国内において輸入動物が原因となる感染症が発生した際に追跡調査ができるようにすることを目的としています。

そして、以下のような案内が出されました。

平成17年9月1日から、「生きた齧歯目、うさぎ目、その他の陸生哺乳類」、「生きた鳥類」及び「齧歯目、うさぎ目の動物の死体」(注)を日本に輸入するためには、手続きが必要となりました。(販売や展示のために輸入するものだけでなく、個人のペットなどすべてが対象となります。)
注:既に検疫が行われている動物、輸入が禁止されている動物は、本制度の対象から除かれます。
厚生労働省ホームページ「動物の輸入届出制度について」より
http://www.mhlw.go.jp/bunya/kenkou/kekkaku-kansenshou12/02.html

ここでは、チンチラ(齧歯目)について詳細を説明します。

齧歯目に属する動物を輸入する際に必要とされる、衛生証明書に記載される証明内容は次のとおりです。

対象とする感染症
ペスト、狂犬病、サル痘、腎症候性出血熱、ハンタウイルス肺症候群、野兎病及びレプトスピラ症
証明事項
1　輸出の際に、狂犬病の臨床症状を示していないこと。
2　過去12月間に上記の定める感染症が発生していない保管施設(厚生労働大臣が定める基準に適合するものとして輸出国の政府機関の指定されたに限る。)において、出生以来保管されていたこと。

これは、事前に輸出する国が定める規定をクリアーし、輸出国の認可のおりた繁殖場であること、そして日本が定める規定をクリアーした繁殖場で生まれて育ち、輸出直前

知っておきたいチンチラ資料編

までそこで過ごしていたチンチラでなければ輸入が不可能ということです。

厚生労働大臣が定める齧歯目の動物の保管施設の基準
1. 外部からの動物の侵入を防止するための必要な構造を有していること。
2. 定期的に消毒等の衛生管理が行われていること。
3. 過去12月間にペスト、狂犬病、サル痘、腎症候性出血熱、ハンタウイルス肺症候群、野兎病及びレプトスピラ症の発生が、当該施設において人及び動物に臨床的に確認されておらず、かつ、当該施設においてこれらの疾病が発生する可能性がないよう必要な措置が講じられていること。
4. 動物の衛生管理及び飼養管理(当該施設外からの動物の導入、繁殖、死亡、出荷等に関する情報を含む。)に関する記録簿を備えていること。
5. あらかじめ厚生労働省に施設の名称及び住所について通知すること。

　この条件をすべてクリアーしない限り、チンチラの輸入はできません。
　そのため、一度国外に引っ越してしまったチンチラは二度と日本に帰れません。
　海外で飼育していたチンチラも日本に引っ越すことができません。

　届出事項の不備や不適切により届出受理証が交付されない場合、輸出国または第三国へ返送、安楽死後に焼却等の処理を促されます。その際、それらの手配は自ら行なうか、第三者機関に委託して適正な処理を確保しなければならないと規定されています。いずれにしても手配、費用負担等は届出者負担となっています。

　また、検疫所への届出をせずに違法に日本に届出対象動物をもちこんだ場合や、虚偽の届出により通関しようとしたときなどには、50万円以下の罰金が科されます。

　海外からの問い合わせは多くあり、条件をクリアーできないために動物検疫所にかけあった例もあったようですが、いままで例外として認められたケースはありません。日本の法律で厳しく管理されていますので、個人によるチンチラの輸入、引っ越しなどは慎重に行なう必要があります。

　引っ越しは苦渋の選択になるかもしれません。チンチラは長生きできる可能性の高い動物です。一時的に数ヵ月または数年海外赴任をしなければならない場合(日本に帰ることがわかっている場合)は、連れていくことは考えずに、その間預かってくれる方を探すほうがその後一緒に暮らせる可能性が高くなるかもしれません。また海外でペットを飼う場合(日本に帰国する可能性がある場合)、日本に一緒に帰ることができる動物を選ぶか、飼わないという選択も必要になるでしょう。いずれにしても、チンチラは長生きする動物です。お迎えする予定の方が、若くてもそうでなくても、ある程度の人生設計をたて、一生そのチンチラと暮らせるかどうかしっかりと考えてからお迎えしましょう。

あとがき *afterword*

　ここ数年で、チンチラの市場は大きく変わりました。医療も、急激な進化を遂げていると感じます。そのため、監修された田園調布動物病院の田向院長、角田副院長も、資料作りが非常に難しかったのではないかと思います。日本のチンチラのためにご尽力を本当にありがとうございました。

　また、度重なる訪問や撮影に快く協力してくださった「ペットショップ・マリン」の乾社長と奥様、「SBSコーポレーション」の丹羽社長、飼育書の企画以前より仲間としていつも助けてくださった「お魚かぞく」の中尾店長、「小動物専門店・Andy」の安東店長、ダメになりそうなときに励まし続けてくれた「相関鳥獣店」の相関周一さん、本当にありがとうございました。すべての専門店の繁栄を心から願っています。

　また日本中のチンチラが幸せになってほしいと心から願い活動している「チラフェス実行委員会」ボランティアスタッフ、「チンチラ飼育研究会」ボランティアスタッフ、「Royal Chinchilla」の表と裏のスタッフたち、そしてかけがえのない家族たち、本当にありがとう。

　アメリカでチンチラの勉強をすると決めてから最初に道を与えてくれたKathy、その後サポートしてくれたBrenda、イギリスの事情を教えてくれたPaul、スイス等の北欧の事情を教えてくれたSaverine、中国・香港・台湾の事情を解説しながら案内してくれたAlan、Mandy、Ada、明、ドイツ・オランダ・タイなど、世界の市場について伝授してくれたMinoru Shigeno、私にチンチラの美しさとショーの素晴らしさ、ブリードの難しさや厳しさをいつも目の前で見せてくれたJim&Amanda Ritterspach、そして、私にチンチラの1から100までを指導してくれたLaurie Schmelzle、みな、日本のチンチラを助けてあげようと協力してくれました。I can't thank you enough.

　そして、多忙な研究者でありながら、野生のチンチラの事情についての取材に快く協力してくれたAmyには、感謝と尊敬の念でいっぱいです。I have a great respect for your activities.

　そして、日々、私に愛チンチラのお話をしてくださる日本中のすべての飼い主様、本当にありがとうございます。あなたのチンチラへの想いはきっと誰かの愛チンチラを助けています。

　世界中のチンチラが幸せになりますように……。

鈴木理恵

【参考文献】
- 『わが家の動物・完全マニュアル　チンチラ』総監修:リチャード・C. ゴリス、スタジオ・エス
- 『ザ・チンチラ』著リチャード・C. ゴリス、誠文堂新光社
- 『カラーアトラス　エキゾチックアニマル　哺乳類編』著:霍野晋吉・横須賀誠、緑書房
- 『チンチラの疾病』『VEC』No.14、インターズー　『げっ歯類の臨床』著:斉藤久美子、インターズー
- TALKS ABOUT CHINCHILLA(Alice Kline)　Rancher's Handbook (Empress Chinchilla)
- ECBC magazine 2009-2016 (Empress Chinchilla)　MCBA News 2009-2016 (Mutation Chinchilla Breeders Association)
- NCS gazette 2009-2016 (National Chinchilla Society)　Chinchilla Community magazine 2005-2010 (The Chinchilla Club) ほか

▰著者	鈴木 理恵	すずき・りえ

東京都出身。早稲田大学卒。1級愛玩動物飼養管理士。出版・教育・福祉・カウンセラー業界を経て動物業界へ。現在はチンチラをはじめとする小動物の適正飼育のあり方を研究。『RCK Labo』所長。チンチラ専門店「Royal Chinchilla」マネージャー。主な著書・監修書に『うさぎの時間』『子うさぎの時間』『うさぎの飼育観察レポート』『うさぎの心理がわかる本』(共著)(以上小社刊)、『ふわっとチンチラ』(河出書房新書)などがある。

▰医療記事執筆	角田 満	つのだ・みつる

田園調布動物病院副院長。2010年東京農工大学農学部獣医学科卒業後、田園調布動物病院で勤務。編集・執筆等で携わった小動物関連書籍には『モルモット完全飼育』(小社刊)がある。

▰医学監修	田向 健一	たむかい・けんいち

田園調布動物病院院長。麻布大学獣医学科卒業。獣医学博士。自身でも多数の動物を飼育、その経験を生かし犬猫からウサギ、チンチラ、爬虫類などを診療対象とし、特にエキゾチックペットに力を入れている。一般書ほか専門書、論文など多数執筆を行っており、近著に『生き物と向き合う仕事』(ちくまプリマ―新書)がある。

▰写真	井川 俊彦	いがわ・としひこ

東京生まれ。東京写真専門学校報道写真科卒業後、フリーカメラマンとなる。1級愛玩動物飼養管理士。犬や猫、うさぎハムスター、小鳥などのコンパニオン・アニマルを撮り始めて25年以上。『新・うさぎの品種大図鑑』『ザ・リス』『ザ・ネズミ』(以上小社刊)、『図鑑NEO どうぶつ・ペットシール』(小学館)など多数。

▰編集協力		大野瑞絵
		前迫明子
▰制 作		Imperfect (竹口太朗、平田美咲)
▰撮影協力		SBSコーポレーション
		マリン
		Royal Chinchilla
		有限会社メディア
		JK
▰画像提供		イースター 株式会社
		株式会社 川井
		ギネスワールドレコーズジャパン株式会社
		Save the Wild Chinchillas
		株式会社 三晃商会
		Chinchillas.com
▰Special Thanks		Chinchillas.com

Perfect Pet Owner's Guides
飼育管理の基本からコミュニケーションの工夫まで

チンチラ 完全飼育

NDC489

2017年1月16日 発行
2021年4月1日 第5刷

著 者	鈴木 理恵
発行者	小川 雄一
発行所	株式会社 誠文堂新光社
	〒113-0033 東京都文京区本郷3-3-11
	(編集) 電話 03-5800-5776
	(販売) 電話 03-5800-5780
	https://www.seibundo-shinkosha.net/
印刷所	株式会社 大熊整美堂
製本所	和光堂 株式会社

© 2017, Rie Suzuki / Toshihiko Igawa. Printed in Japan
検印省略
(本書掲載記事の無断転用を禁じます)
落丁、乱丁本はお取り替えいたします。

本書のコピー、スキャン、デジタル化等の無断複製は、著作権法上での例外を除き、禁じられています。本書を代行業者等の第三者に依頼してスキャンやデジタル化することは、たとえ個人や家庭内での利用であっても著作権法上認められません。

JCOPY <(一社)出版者著作権管理機構 委託出版物>
本書を無断で複製複写(コピー)することは、著作権法上での例外を除き、禁じられています。
本書をコピーされる場合は、そのつど事前に、(一社)出版者著作権管理機構 (電話 03-5244-5088 / FAX 03-5244-5089 / e-mail:info@jcopy.or.jp)の許諾を得てください。

ISBN978-4-416-71649-6